数学思维秘籍

图解法学数学，很简单

⑨ 趣味集训

刘

四川教育出版社

图书在版编目（CIP）数据

数学思维秘籍：图解法学数学，很简单. 9, 趣味集训 / 刘薰宇著. -- 成都：四川教育出版社，2020.10
　　ISBN 978-7-5408-7414-8

Ⅰ. ①数… Ⅱ. ①刘… Ⅲ. ①数学—青少年读物
Ⅳ. ①O1-49

中国版本图书馆CIP数据核字(2020)第147845号

数学思维秘籍　图解法学数学，很简单　9趣味集训

SHUXUE SIWEI MIJI TUJIEFA XUE SHUXUE HEN JIANDAN 9 QYUWEI JIXUN

刘薰宇　著

出 品 人	雷　华	
责任编辑	吴贵启	
封面设计	郭红玲	
版式设计	石　莉	
责任校对	林蓓蓓	
责任印制	高　怡	
出版发行	四川教育出版社	
地　　址	四川省成都市黄荆路13号	
邮政编码	610225	
网　　址	www.chuanjiaoshe.com	
制　　作	大华文苑（北京）图书有限公司	
印　　刷	三河市刚利印务有限公司	
版　　次	2020年10月第1版	
印　　次	2020年11月第1次印刷	
成品规格	145mm×210mm	
印　　张	4	
书　　号	ISBN 978-7-5408-7414-8	
定　　价	198.00元（全10册）	

如发现质量问题，请与本社联系。总编室电话：（028）86259381
北京分社营销电话：（010）67692165　北京分社编辑中心电话：（010）67692156

前 言

　　为了切实加强我国数学科学的教学与研究，科技部、教育部、中科院、自然科学基金委联合制定并印发了《关于加强数学科学研究工作方案》。方案中指出数学实力往往影响着国家实力，几乎所有的重大发现都与数学的发展与进步相关，数学已经成为航空航天、国防安全、生物医药、信息、能源、海洋、人工智能、先进制造等领域不可或缺的重要支撑。这充分表明国家对数学的高度重视。

　　特别是随着大数据、云计算、人工智能时代的到来，在未来生活和生产中，数学更是与我们息息相关，数学科学和人才尤其重要。华为公司创始人兼总裁任正非曾公开表示："其实我们真正的突破是数学，手机、系统设备是以数学为中心。"

　　数学是一门通用学科，是很多学科与科学的基础。在未来社会，数学将是提高竞争力的关键，也是国家和民族发展繁荣的抓手。所以，数学学习应当从娃娃抓起。

　　同时，数学是一门逻辑性非常强而且非常抽象的学科。让数学变得生动有趣的关键，在于教师和家长能正确地引导孩子，精心设计数学教学和辅导，提高孩子的学习兴趣。在数学教学与辅导中，教师和家长应当采取多种方法，充分调动孩子的好奇心和求知欲，使孩子能够感受学习数学的乐趣和收获成功的喜悦，从而提高他们自主学习和解决问题的兴趣与热情。

为了激发广大少年儿童学习数学的兴趣，我们特别推出了《数学思维秘籍》丛书。它集中了我国著名数学教育家刘薰宇的数学教学经验与成果。刘薰宇老师1896年出生于贵阳，毕业于北京高等师范学校数理系，曾留学法国并在巴黎大学研究数学，回国后在许多大学任教。新中国成立后，刘老师曾担任人民教育出版社副总编辑等职。

刘老师曾参与审定我国中小学数学教科书，出版过科普读物，发表了大量数学教育方面的论文。著有《解析几何》《数学的园地》《数学趣味》《因数与因式》《马先生谈算学》等。他将数学和文学相结合，用图解法直接解答有关数学问题，非常生动有趣。特别是介绍数学理论与方法的文章，通俗易懂，既是很好的数学学习导入点，也是很好的数学启蒙读物，非常适合中小学生阅读。

刘老师的作品对著名物理学家、诺贝尔奖得主杨振宁，著名数学家、国家最高科学技术奖获得者谷超豪，著名数学家齐民友，著名作家、画家丰子恺等都产生过深远影响，他们都曾著文记述。杨振宁曾说，曾有一位刘薰宇先生，写过许多通俗易懂和极其有趣的数学文章，自己读了才知道排列和奇偶排列这些极为重要的数学概念。谷超豪曾说，刘薰宇的作品把他带入了一个全新的世界。

在当前全国掀起学习数学热潮的大好形势下，我们在忠实于原著的基础上，对部分语言进行了更新；对作品进行了拆分和优化组合，且配上了精美插图；更重要的是，增加了相应的公式定理、习题讲解、奥数试题、课外练习及参考答案等。对原著内容进行的丰富和拓展，使之更适合现代少年儿童阅读、理解和运用，从而更好地帮助孩子开拓数学思维。相信本书将对广大少年儿童、教师以及家长具有较强的启迪和指导作用。

目录

◆ 分数问题的简单解法

"分数是什么？"马先生今天的第一句话。

"是许多个小单位集合成的数。"周学敏答道。

"你可以说得再明白点吗？"马先生又问。

"例如 $\frac{3}{5}$，就是 3 个 $\frac{1}{5}$ 集合成的，$\frac{1}{5}$ 对于以 1 为单位来说，是一个小单位。"周学敏说。

"好！这也是一种说法，而且是比较实用的。照这种说法，怎样用线段表示分数呢？"马先生问。

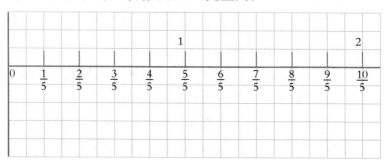

图 1-1

"和表示整数一样，不过用表示 1 的线段的若干分之一作单位罢了。"王有道这样回答以后，马先生叫他在黑板上画出图来，如图 1-1 所示。其实，这是以前用过的。

1 ▶

　　"分数是什么？还有另外的说法没有？"马先生等王有道回到座位坐好后问。过了好几分钟还是没有人回答，他又问：

　　"$\frac{4}{2}$是多少？"

　　"2！"谁都知道。

　　"$\frac{18}{3}$呢？"

　　"6。"大家一同回答，心里都好像以为这只是不成问题的问题。

　　"$\frac{1}{2}$呢？"

　　"0.5。"周学敏回答。

　　"$\frac{1}{4}$呢？"

　　"0.25。"还是他回答。

　　"你们回答的这些数，分数的值怎么来的？"

　　"自然是除得来的呀。"依然是周学敏回答。

　　"自然！自然！"马先生，"就顺了这个自然，我说，分数是表示两个数相除而未除所成的数，可不可以？"

　　当然是可以的，但没有一个人回答。大概他们和我一样，觉得没把握吧，只好由马先生自己回答了。

　　"自然可以，而且在理论上，更合适。分子是被除数，分母便是除数。本来，也就是因为两个整数相除，不一定除得尽，除不尽时，如$13 \div 5 = 2 \cdots\cdots 3$，不但说起来啰唆，用起来也不方便，急中生智，才造出这个$\frac{13}{5}$来。"

　　这样一来，变成用两个数联合起来表示一个数了。马先生说，就因为这样，分数又有一种用线段表示的方法。

他说用横线上的数表示分母，用纵线上的数表示分子，叫我们找出 $\frac{1}{2}$、$\frac{2}{4}$、$\frac{3}{6}$ 所表示的各点，由此得出了 A_1、A_2 和 A_3，连起来得到直线 OA。他又叫我们找 $\frac{3}{5}$、$\frac{6}{10}$ 所表示的两点，连起来得到直线 OB，如图 1-2。

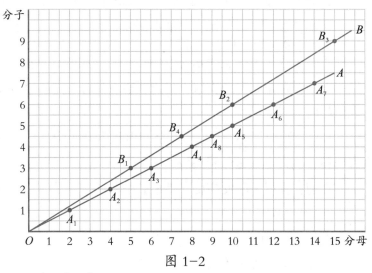

图 1-2

"$\frac{1}{2}$、$\frac{2}{4}$、$\frac{3}{6}$ 的值是一样的吗？"马先生问。

"一样的！"我们回答。

"表示 $\frac{1}{2}$、$\frac{2}{4}$、$\frac{3}{6}$ 的各点 A_1、A_2、A_3 都在同一条直线上，在这条线上还能找出其他分数来吗？"大家争着你一句我一句地回答：

"$\frac{4}{8}$。"

"$\frac{5}{10}$。"

"$\frac{6}{12}$。"

"$\dfrac{7}{14}$。"

"这些分数的值怎样？"

"都和 $\dfrac{1}{2}$ 的相等。"周学敏很快回答，我也是明白的。

"再看直线 OB 上各点，有几个分数值相同的分数？"

"三个，$\dfrac{3}{5}$、$\dfrac{6}{10}$、$\dfrac{9}{15}$。"几乎是全体同时回答。

"不错！这样看来，表示分数值相同的分数的点都在同一条直线上。反过来，一条直线上各点所表示的分数是不是都是分数值相同的呢？"

"……"我想回答一个"是"字，但找不出理由来，最终没有回答，别人也只是低着头想。

"你们在直线上随便指出一点来试试看。"

"A_8。"我说。

"B_4。"周学敏说。

"A_8 表示的分数是什么？"

"$\dfrac{4\frac{1}{2}}{9}$。"王有道说。后来马先生说，这是一个繁分数，让我们将它化简来看。

$$\frac{4\frac{1}{2}}{9}=\frac{\frac{9}{2}}{9}=\frac{9}{2}\times\frac{1}{9}=\frac{1}{2}。$$

B_4 所表示的分数，依样画葫芦，我们得出：

$$\frac{4\frac{1}{2}}{7\frac{1}{2}}=\frac{\frac{9}{2}}{\frac{15}{2}}=\frac{9}{15}=\frac{3}{5}。$$

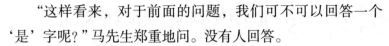

"这样看来，对于前面的问题，我们可不可以回答一个'是'字呢？"马先生郑重地问。没有人回答。

"我来一个自问自答吧！"马先生说道，"可以，也不可以。"惹得大家哄堂大笑。

"不要笑，真是这样。实际上，也是如此，所以你回答一个'是'字，别人绝不能提出反证来。不过，在理论上，你现在并没有给它一个充分的证明，所以你回答一个'不可以'，也是你虚心求稳。我得解释一句，你们学完了平面几何，就会给它一个证明了。"

接着，马先生又提醒我们，将这图从左看到右，又从右看到左。首先：$\frac{1}{2}$变成$\frac{2}{4}$、$\frac{3}{6}$、$\frac{4}{8}$、$\frac{5}{10}$、$\frac{6}{12}$、$\frac{7}{14}$；$\frac{1}{5}$变成$\frac{2}{10}$、$\frac{3}{15}$，它们正好表示扩分的变化。用同一个数乘分子和分母。

然后，$\frac{7}{14}$、$\frac{6}{12}$、$\frac{5}{10}$、$\frac{4}{8}$、$\frac{2}{4}$都变成$\frac{1}{2}$；$\frac{3}{15}$、$\frac{2}{10}$都变成$\frac{1}{5}$。它们恰好表示约分的变化。用同一个数除分子和分母。

啊！多么简单明了，而且趣味丰富啊！谁说数学是呆板、枯燥、无趣的呢？然而用这种方法表示分数，它的作用就到此为止了吗？不！还有更浓厚的趣味呢。

第一，通分，马先生写出下面的例题。

例1：化$\frac{3}{4}$、$\frac{5}{6}$和$\frac{3}{8}$为同分母的分数。

这个问题的解决，真是再轻松不过了。我们只依照马先生的吩咐，如图1-3，画出表示分数$\frac{3}{4}$、$\frac{5}{6}$和$\frac{3}{8}$的三条线OA、OB和OC，马上就能看出来$\frac{3}{4}$可扩分成$\frac{18}{24}$，$\frac{5}{6}$可扩分成$\frac{20}{24}$，

而 $\dfrac{3}{8}$ 可扩分成 $\dfrac{9}{24}$，正好分母都是24，真是简单极了。

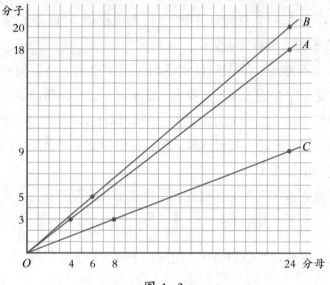

图 1-3

第二，比较分数的大小。

就用上面的例1和图1-3，便可说明白。把三个分数化成了同分母分数，因为

$$\dfrac{20}{24} > \dfrac{18}{24} > \dfrac{9}{24},$$

所以

$$\dfrac{5}{6} > \dfrac{3}{4} > \dfrac{3}{8}。$$

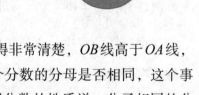

这个结果，图1-3中显示得非常清楚，OB线高于OA线，OA线高于OC线，无论这三个分数的分母是否相同，这个事实绝不改变，还用通分吗？照分数的性质说，分子相同的分数，分母越大的值越小。这一点，图上显示得更清楚了。

第三，这是普通算术书上不常见到的，就是求两个分数之间，分母一定的分数。

例2：求 $\frac{5}{8}$ 和 $\frac{7}{18}$ 中间，分母为14的分数。

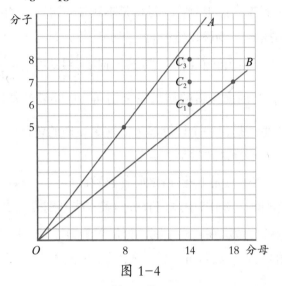

图 1-4

如图1-4，先画表示 $\frac{5}{8}$ 和 $\frac{7}{18}$ 的两条直线 OA 和 OB，由分母14这一点往上看，处在 OA 和 OB 之间的，分子的数是 6（C_1）、7（C_2）和8（C_3）。这三点所表示的分数是 $\frac{6}{14}$、$\frac{7}{14}$、$\frac{8}{14}$，便是所求。

不是吗？这多么直截啊！马先生叫我们用算术来解这个问题，借此加以比较。我们讨论后得出一个要点，先通分。因为这样好从分子大小，决定各分数。通分的结果，8、14和18的最小公倍数是504，而 $\frac{5}{8}$ 变成 $\frac{315}{504}$，$\frac{7}{18}$ 变成 $\frac{196}{504}$，所求分数就在 $\frac{196}{504}$ 和 $\frac{315}{504}$ 之间，分母是504，分子比196大，比315小。

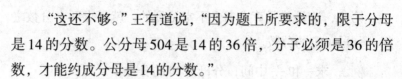

"这还不够。"王有道说，"因为题上所要求的，限于分母是 14 的分数。公分母 504 是 14 的 36 倍，分子必须是 36 的倍数，才能约成分母是 14 的分数。"

这个意见当然很对，而且也是本题要点之一。依照这个意见，我们找出在 196 和 315 中间，36 的倍数，只有 216（6 倍）、252（7 倍）和 288（8 倍）三个。而：$\frac{216}{504} = \frac{6}{14}$，$\frac{252}{504} = \frac{7}{14}$，$\frac{288}{504} = \frac{8}{14}$，与前面所得的结果完全相同，但步骤却烦琐得多。

马先生还提出一个计算起来比这更烦琐的题目，但由作图法解决，真不过是"举手之劳"。

例 3：求分母是 10 和 15 之间各整数的分数，分数的值限于 0.6 和 0.7 之间。图 1-5 中 OA 和 OB 两条直线分别表示 $\frac{6}{10}$ 和 $\frac{7}{10}$。因此所求各分数就在它们中间，分母限于 11、12、13 和 14 四个数。从图 1-5 中一眼就可以看出来，所求的分数只有下面五个：

$\frac{7}{11}$、$\frac{8}{12}$、$\frac{8}{13}$、$\frac{9}{13}$、$\frac{9}{14}$。

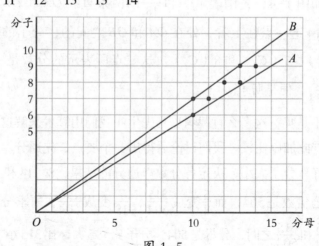

图 1-5

第四，分数怎样相加减？

例4：求 $\dfrac{3}{4}$ 和 $\dfrac{5}{12}$ 的和与差。总是要画图的，马先生写完题以后，我就将表示 $\dfrac{3}{4}$ 和 $\dfrac{5}{12}$ 的两条直线 OA 和 OB 画好，如图1-6。

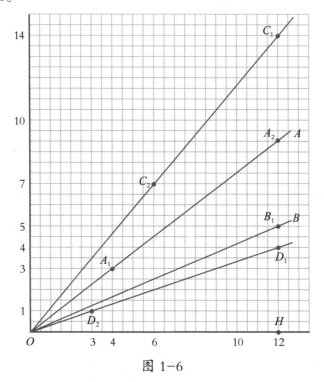

图 1-6

"异分母分数的加减法，你们都已经知道了吧？"马先生说。

"先通分！"周学敏迅速说道。

"为什么要通分呢？"

"因为把分数看成是由许多小单位集合成的，单位不同的数，不能相加减。"周学敏加以说明。

"对！那么现在怎样在图上将这两个分数相加减呢？"

"两个分数的最小公分母是 12，通分以后，$\frac{3}{4}$ 变成 $\frac{9}{12}$，用 A_2 表示；$\frac{5}{12}$ 还是 $\frac{5}{12}$，用 B_1 表示。在 12 这条纵线上，从 A_2 加上 5，得 C_1（A_2C_1 等于 HB_1），OC_1 这条直线就表示所求的和 $\frac{14}{12}$。"王有道详细说道。

与"和"的做法相反，"差"的做法我也明白了。从 A_2 起向下截去 5，得 D_1，OD_1 这条直线就表示所求的差 $\frac{4}{12}$。"OC_1 和 OD_1 两条直线所表示的分数，最左边的各是什么？"马先生问。

一个是 $\frac{7}{6}$，用 C_2 表示。一个是 $\frac{1}{3}$，用 D_2 表示。这个说明什么呢？马先生告诉我们，就是在算术中，加得的和，如 $\frac{14}{12}$；减得的差，如 $\frac{4}{12}$，可约分的时候，都要约分。而在这里，只要看最左边的一个分数就行了，真方便啊！

基本概念与例解

1. 基本概念与例解

（1）基本概念

把单位"1"平均分成若干份，表示这样的一份或几份的数叫作分数。表示其中一份的数，叫作分数单位。比如有 10 颗糖，其中的 1 颗糖占总糖数的 $\frac{1}{10}$，这里的 $\frac{1}{10}$ 既是分数，也是分数单位，即其中的一份占总数的几分之几。

在分数里，中间的横线叫作分数线；分数线下面的数叫作分母，表示把单位"1"平均分成多少份；分数线上面的数叫作分子，表示有这样的多少份。

（2）分数的分类

分类	概念	举例
真分数	分子比分母小的分数叫作真分数。	$\frac{2}{5}$、$\frac{6}{11}$、$\frac{4}{7}$
假分数	分子比分母大或者分子和分母相等的分数叫作假分数。	$\frac{5}{2}$、$\frac{21}{13}$、$\frac{52}{45}$、$\frac{124}{45}$、$\frac{7}{3}$
带分数	由整数和真分数合成的数叫作带分数。	$1\frac{3}{4}$、$3\frac{2}{7}$

注：真分数小于1；假分数大于或等于1。

（3）分数的基本性质

分数的分子和分母同时乘或者除以相同的数（零除外），分数的大小不变。

（4）约分和通分

约分：把一个分数化成同它相等，但分子和分母都比较小的分数，也就是同时除以分子和分母的公约数，叫作约分。如 $\frac{3}{6}=\frac{1}{2}$、$\frac{12}{36}=\frac{1}{3}$ 等。

最简分数：分子和分母只有公因数 1，这样的分数叫作最简分数。如 $\frac{3}{5}$、$\frac{5}{11}$ 等。

通分：把异分母分数分别化成和原来分数相等的同分母分数，即先找到异分母分数的分母的最小公倍数，再把异分母化成以最小公倍数为分母的分数，叫作通分。如 $\frac{2}{5}$ 和 $\frac{4}{7}$，通分为 $\frac{14}{35}$ 和 $\frac{20}{35}$。

例1：将下列分数约分。

① $\frac{24}{32}$；② $\frac{3}{12}$；③ $\frac{18}{48}$。

分析：①24 和 32 的最大公约数是 8，所以分子、分母同时除以 8 即可。②3 和 12 的最大公约数是 3，所以分子、分母同时除以 3 即可。③18 和 48 的最大公约数是 6，所以分子、分母同时除以 6 即可。

解：① $\frac{24}{32}=\frac{24\div8}{32\div8}=\frac{3}{4}$。

② $\frac{3}{12}=\frac{3\div3}{12\div3}=\frac{1}{4}$。

③$\dfrac{18}{48}=\dfrac{18\div6}{48\div6}=\dfrac{3}{8}$。

例2：将下列各组分数通分。

①$\dfrac{5}{9}$和$\dfrac{8}{15}$；②$\dfrac{3}{5}$、$\dfrac{7}{10}$和$\dfrac{13}{15}$。

分析：①9和15的最小公倍数是45，$\dfrac{5}{9}$的分子、分母同时乘5，$\dfrac{8}{15}$的分子、分母同时乘3即可。②5、10、15的最小公倍数是30，$\dfrac{3}{5}$、$\dfrac{7}{10}$、$\dfrac{13}{15}$的分子、分母分别同时乘6、3、2即可。

解：①$\dfrac{5}{9}=\dfrac{5\times5}{9\times5}=\dfrac{25}{45}$，$\dfrac{8}{15}=\dfrac{8\times3}{15\times3}=\dfrac{24}{45}$，

所以$\dfrac{5}{9}$和$\dfrac{8}{15}$通分后分别为$\dfrac{25}{45}$和$\dfrac{24}{45}$。

②$\dfrac{3}{5}=\dfrac{3\times6}{5\times6}=\dfrac{18}{30}$，

$\dfrac{7}{10}=\dfrac{7\times3}{10\times3}=\dfrac{21}{30}$，

$\dfrac{13}{15}=\dfrac{13\times2}{15\times2}=\dfrac{26}{30}$，

所以$\dfrac{3}{5}$、$\dfrac{7}{10}$和$\dfrac{13}{15}$通分后分别为$\dfrac{18}{30}$、$\dfrac{21}{30}$和$\dfrac{26}{30}$。

2. 强化训练

（1）分数的加、减法法则

同分母分数相加、减，只把分子相加、减，分母不变。异分母分数相加、减，先通分，然后再相加、减。

例：计算下面各式。

①$\frac{6}{7}-\frac{3}{4}$；②$\frac{2}{5}+\frac{8}{13}$。

分析：①异分母分数相减，首先通分，然后再相减。7和4的最小公倍数是28，所以$\frac{6}{7}-\frac{3}{4}=\frac{24}{28}-\frac{21}{28}=\frac{3}{28}$。②异分母分数相加，先通分，然后再相加。5和13的最小公倍数是65，所以$\frac{2}{5}+\frac{8}{13}=\frac{26}{65}+\frac{40}{65}=\frac{66}{65}$。

解：①$\frac{6}{7}-\frac{3}{4}=\frac{24}{28}-\frac{21}{28}=\frac{3}{28}$。

②$\frac{2}{5}+\frac{8}{13}=\frac{26}{65}+\frac{40}{65}=\frac{66}{65}$。

（2）分数（正数）大小的比较

同分母分数相比较，分子大的大，分子小的小。

异分母分数相比较，先通分，然后再比较；若分子相同，则分母大的反而小。

例：请将下列分数按从大到小的顺序排列。

$\frac{3}{4}$、$\frac{2}{3}$、$\frac{5}{6}$、$\frac{1}{8}$、$\frac{7}{12}$。

分析：题目中的五个分数是异分母分数，所以应先通分，再比较。首先找出4、3、6、8、12的最小公倍数，是24；然后将这五个分数化成以24为分母的分数，再比较即可。

解：$\frac{3}{4}=\frac{18}{24}$、$\frac{2}{3}=\frac{16}{24}$、$\frac{5}{6}=\frac{20}{24}$、$\frac{1}{8}=\frac{3}{24}$、$\frac{7}{12}=\frac{14}{24}$，

$\frac{20}{24}>\frac{18}{24}>\frac{16}{24}>\frac{14}{24}>\frac{3}{24}$，

即$\frac{5}{6}>\frac{3}{4}>\frac{2}{3}>\frac{7}{12}>\frac{1}{8}$。

应用习题与解析

1. 基础练习题

（1）加工同样多的零件，李师傅3小时完成总量的 $\frac{1}{5}$，张师傅3小时完成总量的 $\frac{1}{4}$，请问哪位师傅的工作效率较高？

考点：分数大小的比较。

分析：同样都是3小时，所以只需比较两位师傅完成总量的多少即可。

解：5和4的最小公倍数是20，将 $\frac{1}{5}$ 和 $\frac{1}{4}$ 通分，得

$$\frac{1}{5}=\frac{1\times4}{5\times4}=\frac{4}{20}, \quad \frac{1}{4}=\frac{1\times5}{4\times5}=\frac{5}{20}, \quad \frac{5}{20}>\frac{4}{20},$$

即 $\frac{1}{4}>\frac{1}{5}$。

答：张师傅的工作效率较高。

（2）把 $\frac{12}{24}$ 的分子减去8，要使分数的大小不变，分母应该减去多少呢？

考点：分数的基本性质。

分析：首先发现分子之间的变化，由12减去8，得4，缩小到了原来的 $\frac{1}{3}$，要使分数的大小相等，分母也应缩小到原来的 $\frac{1}{3}$。

解：$12-8=4$，$4\div12=\frac{1}{3}$，

分子缩小到了原来的 $\frac{1}{3}$，分母也应缩小到原来的 $\frac{1}{3}$，得

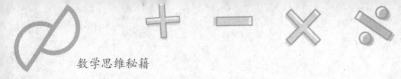

$24 \times \frac{1}{3} = 8$，分母应是 8，$24 - 8 = 16$。

所以分母应减去 16。

（3）有两块一样大的田地，用两台插秧机分别在两块田地里插秧。在相同的时间内，第一台插秧机插了一块田地的 $\frac{2}{3}$，第二台插秧机插了另一块田地的 $\frac{1}{2}$。请问哪台插秧机插秧速度快一些呢？

考点：分数大小的比较。

分析：根据问题可知，题目要求是比较大小。第一台插秧机插了一块田地的 $\frac{2}{3}$，第二台插秧机插了另一块田地的 $\frac{1}{2}$，异分母分数比较大小，先通分，2 和 3 的最小公倍数是 6，所以有 $\frac{2}{3} = \frac{4}{6}$，$\frac{1}{2} = \frac{3}{6}$，接着比较大小即可。

解：$\frac{2}{3} = \frac{4}{6}$，$\frac{1}{2} = \frac{3}{6}$，因为 $\frac{4}{6} > \frac{3}{6}$，所以 $\frac{2}{3} > \frac{1}{2}$。

答：第一台插秧机插秧的速度快一些。

（4）甲、乙、丙三名射击运动员练习射击，三人分别射击了 30 发、40 发、50 发子弹，分别打中了靶子 25 次、36 次、40 次，请问谁的命中率最高？

考点：百分数与分数大小的比较。

分析：比较三人的命中率，甲一共射击了 30 发子弹，打中了靶子 25 次，所以甲的命中率是 $25 \div 30 \times 100\% \approx 83.3\%$；乙一共射击了 40 发子弹，打中了靶子 36 次，所以乙的命中率是 $36 \div 40 \times 100\% = 90\%$；丙一共射击了 50 发子弹，打中了靶子 40 次，所以丙的命中率是 $40 \div 50 \times 100\% = 80\%$。因为 $90\% > 83.3\% > 80\%$，所以乙的命中率更高一些。

解：甲的命中率：$25 \div 30 \times 100\% \approx 83.3\%$；

乙的命中率：$36 \div 40 \times 100\% = 90\%$；

丙的命中率：$40 \div 50 \times 100\% = 80\%$。

因为 $90\% > 83.3\% > 80\%$，所以乙的命中率最高。

答：所以乙的命中率最高。

（5）比较下面分数的大小，请问你发现了什么呢？

$\frac{1}{2}$、$\frac{2}{3}$、$\frac{3}{4}$、$\frac{4}{5}$、$\frac{5}{6}$、$\frac{6}{7}$、$\frac{7}{8}$。

考点：分数大小的比较。

分析：先找出以上7个分数的最小公倍数进行通分，使其变成分母相同的分数，然后再比较大小。2、3、4、5、6、7、8的最小公倍数是840，通分比较即可。

解：$\frac{1}{2}$、$\frac{2}{3}$、$\frac{3}{4}$、$\frac{4}{5}$、$\frac{5}{6}$、$\frac{6}{7}$、$\frac{7}{8}$通分，得

$\frac{420}{840}$、$\frac{560}{840}$、$\frac{630}{840}$、$\frac{672}{840}$、$\frac{700}{840}$、$\frac{720}{840}$、$\frac{735}{840}$，

$\frac{420}{840} < \frac{560}{840} < \frac{630}{840} < \frac{672}{840} < \frac{700}{840} < \frac{720}{840} < \frac{735}{840}$，

所以 $\frac{1}{2} < \frac{2}{3} < \frac{3}{4} < \frac{4}{5} < \frac{5}{6} < \frac{6}{7} < \frac{7}{8}$。

答：发现分母比分子大1的分数，分母越大，分数越大。

2. 巩固提高题

（1）把下列分数化成分母是10而大小不变的分数。

$\frac{2}{5}$、$\frac{1}{2}$、$\frac{12}{30}$、$\frac{4}{20}$、$\frac{15}{50}$、$\frac{108}{120}$。

考点：分数的性质与分数通分。

分析：根据分数的性质，分子、分母同时乘或除以一个数

（零除外），分数的大小不变。所以 $\frac{2}{5}=\frac{2\times2}{5\times2}=\frac{4}{10}$。同理，可得出其他数。

解：$\frac{2}{5}=\frac{2\times2}{5\times2}=\frac{4}{10}$，$\frac{1}{2}=\frac{1\times5}{2\times5}=\frac{5}{10}$，

$\frac{12}{30}=\frac{12\div3}{30\div3}=\frac{4}{10}$，$\frac{4}{20}=\frac{4\div2}{20\div2}=\frac{2}{10}$，

$\frac{15}{50}=\frac{15\div5}{50\div5}=\frac{3}{10}$，$\frac{108}{120}=\frac{108\div12}{120\div12}=\frac{9}{10}$。

（2）小星的身高是 $\frac{7}{5}$ 米，比小雨高 $\frac{1}{5}$ 米，小雨比小雪矮 $\frac{2}{5}$ 米，小雪有多高呢？

考点：分数加减、法的应用。

分析：要求小雪的身高，我们就要知道小雨的身高，但是题目没有给出，所以我们要先求出小雨的身高。

解：小雨的身高：$\frac{7}{5}-\frac{1}{5}=\frac{6}{5}$（米），

小雪的身高：$\frac{6}{5}+\frac{2}{5}=\frac{8}{5}$（米）。

答：小雪的身高是 $\frac{8}{5}$ 米。

（3）食堂有一堆煤，第一天烧了 $\frac{4}{3}$ 吨，第二天比第一天少烧了 $\frac{1}{5}$ 吨，这两天一共烧了多少吨煤？如果原来共有 10 吨煤，还剩多少吨煤？

考点：分数的加、减法的应用。

分析：要求这两天一共烧了多少吨煤，先求出第二天烧的煤的吨数，然后将这两天烧的煤的吨数相加即可。如果总共原来有 10 吨煤，求还剩多少吨煤，只需相减即可。

解：第二天烧的煤的吨数：$\frac{4}{3}-\frac{1}{5}=\frac{17}{15}$（吨）；

两天总共烧的煤的吨数：$\frac{4}{3}+\frac{17}{15}=\frac{37}{15}$（吨）。

还剩的煤的吨数：$10-\frac{37}{15}=\frac{113}{15}$（吨）。

答：这两天一共烧了 $\frac{37}{15}$ 吨煤；原来共有 10 吨煤，还剩 $\frac{113}{15}$ 吨煤。

（4）一根电线剪去 $\frac{1}{3}$ 米，再接上 $\frac{3}{4}$ 米后长是 2 米。这根电线原来长多少米呢？

考点：分数的加、减法以及分数通分的应用。

分析：从后往前进行推导，一根电线剪去 $\frac{1}{3}$ 米，再接上 $\frac{3}{4}$ 米后长是 2 米，所以原来的长是 $2-\frac{3}{4}+\frac{1}{3}=\frac{19}{12}$（米）。

解：$2-\frac{3}{4}+\frac{1}{3}=\frac{19}{12}$（米）。

答：这根电线原来长 $\frac{19}{12}$ 米。

（5）小琴和小倩同在一条路上赛跑，小琴用了 1 小时的 $\frac{5}{6}$，小倩用了 1 小时的 $\frac{5}{7}$，请问谁跑得快呢？

考点：分数大小的比较。

分析：比较谁跑得快，那就是比较在同样的路程中，谁用的时间短。首先通分，然后再比较。

解：$\frac{5}{6}=\frac{5\times7}{6\times7}=\frac{35}{42}$，$\frac{5}{7}=\frac{5\times6}{7\times6}=\frac{30}{42}$，$\frac{35}{42}>\frac{30}{42}$，

即 $\dfrac{5}{6} > \dfrac{5}{7}$。

答：小倩跑得快。

奥数习题与解析

1. 基础训练题

（1）有两根同样长的绳子，第一根剪去 $\dfrac{5}{24}$ 米，第二根剪去 $\dfrac{3}{8}$ 米，余下的绳子总长为 $\dfrac{5}{12}$ 米。那么第一根绳子余下多少米呢？

分析：求第一根绳子余下多少米，可以先求出一根绳子的长度。设一根绳子长 x 米，那么可列方程 $2x - \dfrac{5}{24} - \dfrac{3}{8} = \dfrac{5}{12}$，解方程，求出 x，然后减去 $\dfrac{5}{24}$ 即可。

解：设一根绳子长 x 米，根据题意，得

$$2x - \frac{5}{24} - \frac{3}{8} = \frac{5}{12},$$

$$2x = \frac{5}{12} + \frac{5}{24} + \frac{3}{8},$$

$$2x = 1,$$

$$x = \frac{1}{2}。$$

$$\frac{1}{2} - \frac{5}{24} = \frac{7}{24}（米）。$$

答：第一根绳子余下 $\dfrac{7}{24}$ 米。

（2）小红、小琴、小倩、小兰四名同学分别看相同的一

本故事书，一周后，她们分别看了故事书的 $\frac{5}{7}$、$\frac{4}{9}$、$\frac{5}{6}$、$\frac{4}{7}$。请把她们看书的多少按照从大到小的顺序排列起来。

分析：此题主要考查分数的大小比较，同分母分数直接比较，分子大的分数大；异分母分数先通分，再比较。

解：$\frac{5}{7}$、$\frac{4}{9}$、$\frac{5}{6}$、$\frac{4}{7}$ 通分后分别为：

$$\frac{90}{126}、\frac{56}{126}、\frac{105}{126}、\frac{72}{126},$$

$$\frac{105}{126} > \frac{90}{126} > \frac{72}{126} > \frac{56}{126},$$

$$即 \frac{5}{6} > \frac{5}{7} > \frac{4}{7} > \frac{4}{9}。$$

答：小倩>小红>小兰>小琴。

（3）一个大西瓜，亮亮吃了它的 $\frac{3}{5}$，爸爸回来后也吃了一些，最后只剩下 $\frac{1}{6}$ 没有吃。亮亮比爸爸多吃了西瓜的几分之几呢？

分析：亮亮吃了大西瓜的 $\frac{3}{5}$，还剩 $1-\frac{3}{5}=\frac{2}{5}$，爸爸吃了西瓜的 $\frac{2}{5}-\frac{1}{6}=\frac{7}{30}$，所以用亮亮吃的减去爸爸吃的就是所求。

解：亮亮吃了西瓜的 $\frac{3}{5}$，还剩 $1-\frac{3}{5}=\frac{2}{5}$，

爸爸吃了西瓜的 $\frac{2}{5}-\frac{1}{6}=\frac{7}{30}$，

亮亮比爸爸多吃了西瓜的 $\frac{3}{5}-\frac{7}{30}=\frac{11}{30}$。

答：亮亮比爸爸多吃了西瓜的 $\frac{11}{30}$。

2. 拓展训练题

（1）小叮当看一本书，第一天看了这本书的 $\frac{1}{10}$；第二天和第一天看的一样多；第三天看了这本书的 $\frac{2}{7}$。这本书还有多少没看完？

分析：把这本书看作单位"1"，首先将这三天看的书相加，是这三天看了这本书的几分之几，用"1"减去看过的分数就是没看的分数。

解：这三天一共看了：$\frac{1}{10} + \frac{1}{10} + \frac{2}{7}$

$$= \frac{2}{10} + \frac{2}{7}$$

$$= \frac{1}{5} + \frac{2}{7}$$

$$= \frac{17}{35}。$$

还剩：$1 - \frac{17}{35} = \frac{18}{35}。$

答：这本书还有 $\frac{18}{35}$ 没看完。

（2）有一个三角形，其中两条边长分别是 $\frac{5}{12}$ 米、$\frac{5}{6}$ 米，周长是 $\frac{15}{8}$ 米。这个三角形的另一条边长是多少米？

分析：三角形的周长就是三条边长相加，题目中已知周长和其中的两条边长，所以第三条边的长就是周长减去两条边的长度。

解：$\frac{15}{8} - \left(\frac{5}{12} + \frac{5}{6} \right)$

$$= \frac{45}{24} - \frac{30}{24}$$

$$=\frac{15}{24}$$

$$=\frac{5}{8}（米）。$$

答：这个三角形的另一条边长是 $\frac{5}{8}$ 米。

（3）某市举办了一次知识竞赛，设有一、二、三等奖。荣获一、二等奖的人数占入围人数的 $\frac{7}{12}$，荣获一、三等奖的人数占入围人数的 $\frac{5}{8}$。请问一等奖和三等奖哪个获奖的人数多呢？多占入围人数的几分之几？

分析：根据题意，把获奖总人数看作单位"1"，用 $\frac{5}{8}$ 和 $\frac{7}{12}$ 相加再减去"1"，可得获一等奖的人数占入围人数的分数，再用获一、三等奖的人数占入围人数的分数减去获一等奖的人数占入围人数的分数，就是获三等奖的人数占入围人数的分数，进而比较得解。

解：获一等奖的人数占入围人数的分数为：

$$\frac{5}{8}+\frac{7}{12}-1$$

$$=\frac{15}{24}+\frac{14}{24}-\frac{24}{24}$$

$$=\frac{5}{24}，$$

获三等奖的人数占入围人数的分数为：

$$\frac{5}{8}-\frac{5}{24}$$

$$=\frac{15}{24}-\frac{5}{24}$$

$$=\frac{10}{24}。$$

因为 $\frac{5}{24} < \frac{10}{24}$，所以获得三等奖的人数多。

获三等奖的人数比一等奖的多占入围人数的分数为：

$$\frac{10}{24} - \frac{5}{24} = \frac{5}{24}。$$

答：获得三等奖的人数多，多占入围人数的 $\frac{5}{24}$。

课外练习与答案

1. 基础练习题

（1）把下面分数约成最简分数。

① $\frac{18}{30}$；② $\frac{70}{105}$；③ $\frac{66}{88}$。

（2）把下面每组中的分数通分。

① $\frac{7}{9}$ 和 $\frac{2}{3}$；② $\frac{2}{3}$、$\frac{4}{5}$ 和 $\frac{3}{8}$。

（3）方萍一家买了 4 千克苹果，第一天吃了 $\frac{4}{3}$ 千克，剩下的比吃了的多多少千克？

（4）在下图中画出阴影分别表示下面的分数，然后再比较大小。

① $\frac{2}{3}$；② $\frac{4}{6}$；③ $\frac{8}{12}$。

（5）李阳和胡明在篮球馆里进行投篮训练，李阳投了 60 次，投中了 43 次；胡明投了 80 次，投中了 61 次。谁投篮的命中率高一些？

2. 提高练习题

（1）对于分数 $\frac{2}{7}$，分子增加6后，要使分数的值不变，分母应该增加多少呢？

（2）三个沙包，第一个重 $\frac{7}{12}$ 千克，比第二个重 $\frac{1}{15}$ 千克，比第三个轻 $\frac{1}{5}$ 千克。这三个沙包共重多少千克？

（3）亚洲的陆地面积约占全球陆地面积的 $\frac{1}{3}$，非洲的陆地面积约占全球陆地面积的 $\frac{1}{5}$。哪个洲的陆地面积大？

（4）一段公路，已经修了 $\frac{7}{15}$ 千米，剩下的比已经修了的多 $\frac{2}{5}$ 千米。这段公路有多长？

（5）用一个2米的竹竿来测量一个鱼池的水深，插入泥中 $\frac{1}{4}$ 米，露出水面 $\frac{1}{2}$ 米。这个鱼池多深？

3. 经典练习题

（1）李老师骑车去买书，去时用了 $\frac{5}{8}$ 小时，返回用了 $\frac{4}{9}$ 小时。去时快还是返回时快？

（2）有三根绳子，第一根长 $\frac{5}{16}$ 米，第二根长 $\frac{5}{9}$ 米，第三根长 $\frac{5}{17}$ 米。哪根绳子最长？

（3）一台碾米机30分钟碾米50千克，这台碾米机平均每分钟碾米多少千克？（请用分数表示）

（4）一根彩带用了 $\frac{2}{5}$ 米，剩下的比用去的长 $\frac{1}{6}$ 米，这根彩带长多少米？

（5）从某村庄到市区，先骑自行车，再坐汽车。骑自行车要用 $\frac{5}{6}$ 小时，坐汽车比骑自行车少用 $\frac{1}{5}$ 小时。从村庄到市区一共需要多长时间？

答 案

1. **基础练习题**

（1）① $\frac{18}{30} = \frac{3}{5}$；② $\frac{70}{105} = \frac{2}{3}$；③ $\frac{66}{88} = \frac{3}{4}$。

（2）① $\frac{7}{9}$ 和 $\frac{6}{9}$；② $\frac{80}{120}$、$\frac{96}{120}$ 和 $\frac{45}{120}$。

（3）剩下的比吃了的多 $\frac{4}{3}$ 千克。

（4）阴影略。$\frac{2}{3} = \frac{4}{6} = \frac{8}{12}$。

（5）胡明投篮的命中率高一些。

2. **提高练习题**

（1）分母应该增加21。

（2）这三个沙包共重 $\frac{113}{60}$ 千克。

（3）亚洲的陆地面积大。

（4）这条公路长 $\frac{4}{3}$ 千米。

（5）这个鱼池深 $\frac{5}{4}$ 米。

3. **经典练习题**

（1）返回时快。

（2）第二根绳子最长。

（3）这台碾米机平均每分钟碾米 $\frac{5}{3}$ 千克。

（4）这根彩带长 $\frac{29}{30}$ 米。

（5）从村庄到市区一共需要 $\frac{22}{15}$ 小时。

◆ 几分之几的求解法

马先生说，分数的应用问题，大体来看，可分成三大类：

第一类，和整数的四则运算一样，不过有些数目是分数。以前的例子中已有过，如"大小两个数的和是 $1\frac{1}{10}$ ，差是 $\frac{2}{5}$ ，求这两个数。"

第二类，和分数的性质有关。归根到底是三种形态：（1）已知两个数，求一个数是另一个数的几分之几；（2）已知一个数，求这个数的几分之几是多少；（3）已知一个数的几分之几，求这个数是多少。

用 a 表示分数的分母，b 表示分子，m 表示它的值，那么：

$$m=\frac{b}{a}。$$

则以上三种形态可以转化为：（1）已知 a 和 b ，求 m ；（2）求一个数 n 的 $\frac{b}{a}$ 是多少；（3）一个数的 $\frac{b}{a}$ 是 n ，求这个数。

第三类，单纯是分数自身的变化。如"有一个分数，其分母加1，可约为 $\frac{3}{4}$ ；分母加2，可约为 $\frac{2}{3}$ ，求原数。"

这次，马先生所讲的，就是第二类中的（1）。

例1：把一颗骰子连掷 36 次，正好出现 6 次红，再掷 1 次，出现红的概率是多少？

"这道题的意思是就36次中出现6次红的现象来说，看出现红占了几分之几，再用这个数来预测下次出现的可能性大小。这种计算叫概率。"马先生说。

纵线 36 与横线 6 的交点是 A，连接 OA，该直线表示所求分数 $\frac{6}{36}$。它可被约分成 $\frac{3}{18}$、$\frac{2}{12}$、$\frac{1}{6}$、$\frac{4}{24}$ 和 $\frac{5}{30}$ 等值，最简是 $\frac{1}{6}$。

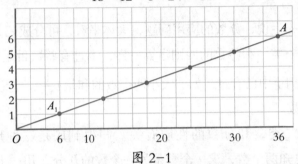

图 2-1

例2：3.5升酒精同5升水混合成的酒，酒精占多少？

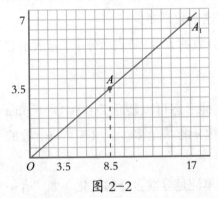

图 2-2

实质上，本题分母需取 $3.5+5=8.5$。纵线 8.5 和横线 3.5 相交于点 A。连接 OA，得出表示所求分数的直线。

但直线上，从 A 向左找不出最简分数。如果将它适当地延长到 A_1，则得最简分数 $\frac{7}{17}$。用算术的方法计算，便是：

$$\frac{3.5}{3.5+5}=\frac{3.5}{8.5}=\frac{7}{17}。$$

基本概念与例解

小学数学分数应用题的题型一共有三类：

第一类：求一个数是另一个数的几分之几。

第二类：求一个数的几分之几是多少。

第三类：已知一个数的几分之几是多少，求这个数。

第一类是一个基础题型，即求一个数是另一个数的几分之几，通常用除法解题。

1. 基本概念与例解

（1）分率：表示一个数是另一个数的几分之几，这几分之几通常称为分率。如：小红的身高是爸爸身高的 $\frac{2}{3}$。这里的 $\frac{2}{3}$ 就是分率。

（2）标准量：解答分数应用题时，通常把题目中作为单位"1"的那个数，称为标准量。如：一个西瓜，小明吃了 $\frac{1}{2}$。"一个西瓜"就是标准量。

（3）比较量：解答分数应用题时，通常把题目中同标准量比较的那个数，称为比较量。如：一个西瓜，小明吃了 $\frac{1}{2}$，爸爸吃了剩下的 $\frac{1}{2}$，那么爸爸吃的西瓜是小明吃的西瓜的几分之几。这里的"小明吃了 $\frac{1}{2}$"就是一个比较量。

例1：小学生做一次眼保健操需要 5 分钟，每天要做两次眼保健操，每天做眼保健操的时间大约占1小时的多少呢？

分析：此题主要是考查分率的概念。做一次眼保健操需要5分钟，每天做两次，就是10分钟；1小时是60分钟，那么每天做眼保健操的时间大约占1小时的 $\frac{10}{60} = \frac{1}{6}$。

解：$5 \times 2 = 10$（分），

$$10 \div 60$$

$$= \frac{10}{60}$$

$$= \frac{1}{6}。$$

答：每天做眼保健操的时间大约占1小时的 $\frac{1}{6}$。

例2：有一块铝锡合金，铝的含量占 $\frac{1}{3}$，锡的含量是铝的2倍。那么锡的含量是合金总量的多少呢？

分析：一块铝锡合金，就是一个标准量。锡的含量是铝的2倍，那么锡的含量占 $\frac{1}{3} \times 2 = \frac{2}{3}$。

解：锡的含量占合金总量的：

$$\frac{1}{3} \times 2 = \frac{2}{3}。$$

答：锡的含量是合金总量的 $\frac{2}{3}$。

2. 基本公式与例解

求一个数是另一个数的几分之几。这类问题特点是已知两个具体数，求它们之间或它们各自与总量之间倍数关系的应用题。

分类	公式（数量关系）
求一个数是另一个数的几分之几	比较量÷标准量=分率（几分之几）
求一个数比另一个数多几分之几	相差量÷标准量=分率（多几分之几）
求一个数比另一个数少几分之几	相差量÷标准量=分率（少几分之几）

例1：果园里有15棵梨树，20棵苹果树，梨树的棵数是苹果树的几分之几？

分析：求一个数是另一个数的几分之几，首先找到题目中的标准量。根据"梨树的棵数是苹果树的几分之几=梨树的棵数÷苹果树的棵数"解答即可。

解：$15 \div 20 = \frac{3}{4}$。

答：梨树的棵数是苹果树的$\frac{3}{4}$。

例2：果园里有15棵梨树，20棵苹果树，苹果树的棵数比梨树多几分之几？

分析：求一个数比另一个数多几分之几。根据"苹果树的棵数比梨树多几分之几=苹果树比梨树多的棵数÷梨树的棵数"解答即可。

解：$(20-15) \div 15 = \frac{1}{3}$。

答：苹果树的棵数比梨树多$\frac{1}{3}$。

例3：果园里有15棵梨树，20棵苹果树，梨树的棵数比苹果树少几分之几?

分析:求一个数比另一个数少几分之几。根据"少几分之几=梨树比苹果树少的棵数÷苹果树的棵数"解答即可。

解:(20-15)÷20=$\frac{1}{4}$。

答:梨树的棵数比苹果树少$\frac{1}{4}$。

3. 强化训练

求一个数是另一个数的百分之几,主要包括求发芽率、合格率、达标率、误差等。

分类	公式(数量关系)
求实际完成任务量的百分数	实际生产数÷计划数×100%
求超额完成量的百分数	(实际生产数-计划数)÷计划数×100%
求降低价格的百分数	(原价格-后来价格)÷原价格×100%
求增长率	(后来生产量-原产量)÷原产量×100%

例1:某玩具厂第一季度计划制造电动玩具600件,实际多做了48件。求完成计划的百分数。

分析:"求完成计划百分数",要以计划数为标准量,实际数为比较量。

解:(方法一)(600+48)÷600×100%

$\qquad$ =648÷600×100%

$\qquad$ =108%。

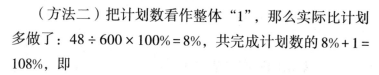

（方法二）把计划数看作整体"1"，那么实际比计划多做了：$48 \div 600 \times 100\% = 8\%$，共完成计划数的 $8\% + 1 = 108\%$，即

$48 \div 600 + 1$

$= 8\% + 1$

$= 108\%$。

答：完成计划的108%。

例2：试验组用500粒小麦种子做发芽试验，有490粒种子发了芽。这些小麦种子的发芽率是多少？

分析："率"就是比率，求发芽率就是求发芽数占种子总数的百分之几，也是求一个数占另一个数的几分之几的问题。这道题以种子总数为标准量，用"发芽数÷种子总数×100%"解题即可。

解：$490 \div 500 \times 100\%$

$= 0.98 \times 100\%$

$= 98\%$。

答：这些小麦种子的发芽率是98%。

例3：把12.5千克盐放入1000千克水中，盐水的浓度是多少呢？

分析：把盐放入水中形成的盐水，叫作溶液，盐叫溶质。溶质与溶液的百分比，叫作浓度。求浓度可以用溶质的质量分数来表示，即求溶质的质量占溶液质量的百分之几，以溶液质量为标准量。根据题意溶液质量是盐与水质量的和。

解：$12.5 \div (12.5 + 1000) \times 100\%$

$= 12.5 \div 1012.5 \times 100\%$

$$\approx 0.0123 \times 100\%$$

$$= 1.23\%。$$

答：盐水的浓度约是 1.23%。

应用习题与解析

1. 基础练习题

（1）小红 8 天读了一本书的 $\frac{2}{5}$，剩下的准备 6 天读完，那么接下来小红平均每天读这本书的几分之几呢？

考点：求一个数是另一个数的几分之几。

分析：把一本书的总页数看作单位"1"，用剩下的页数所占的分率除以 6，就是平均每天读这本书的分率。

解：$\left(1 - \dfrac{2}{5}\right) \div 6$

$$= \frac{3}{5} \div 6$$

$$= \frac{3}{5} \times \frac{1}{6}$$

$$= \frac{1}{10}。$$

答：接下来小红平均每天读这本书的 $\frac{1}{10}$。

（2）小红读一本故事书，第一天读了全书的 $\frac{1}{5}$，第二天读了剩下的 $\frac{3}{4}$。第二天读了全书的几分之几？全书还剩几分之几？

考点：求一个数是另一个数的几分之几。

分析：设这本故事书为单位"1"，第一天读了全书的 $\frac{1}{5}$，

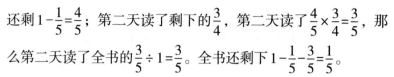

还剩 $1-\dfrac{1}{5}=\dfrac{4}{5}$；第二天读了剩下的 $\dfrac{3}{4}$，第二天读了 $\dfrac{4}{5}\times\dfrac{3}{4}=\dfrac{3}{5}$，那么第二天读了全书的 $\dfrac{3}{5}\div1=\dfrac{3}{5}$。全书还剩下 $1-\dfrac{1}{5}-\dfrac{3}{5}=\dfrac{1}{5}$。

解：$\left(1-\dfrac{1}{5}\right)\times\dfrac{3}{4}=\dfrac{3}{5}$，

第二天读了全书的 $\dfrac{3}{5}\div1=\dfrac{3}{5}$。

全书还剩下 $1-\dfrac{1}{5}-\dfrac{3}{5}=\dfrac{1}{5}$。

答：第二天读了全书的 $\dfrac{3}{5}$，全书还剩下 $\dfrac{1}{5}$。

（3）四年级人数比五年级人数少 $\dfrac{1}{4}$，那么五年级人数比四年级人数多几分之几？

考点：求一个数比另一个数多几分之几。

分析：四年级人数比五年级人数少 $\dfrac{1}{4}$，把五年级的人数看作单位"1"，四年级的人数为 $1-\dfrac{1}{4}$；要求五年级人数比四年级人数多几分之几，是用五年级人数比四年级多的人数除以四年级的人数，即 $\dfrac{1}{4}\div\dfrac{3}{4}$。

解：$\dfrac{1}{4}\div\left(1-\dfrac{1}{4}\right)$

$=\dfrac{1}{4}\div\dfrac{3}{4}$

$=\dfrac{1}{3}$。

答：五年级人数比四年级人数多 $\dfrac{1}{3}$。

（4）某服装厂一月份生产出口服装800件，二月份生产同样的服装913件。求二月份比一月份多生产服装的百分数。

考点：百分数的应用。

分析：首先算出二月份比一月份多生产的服装数量，二月份比一月份多生产百分数＝二月份比一月份多生产的服装数量÷一月份生产的服装数量×100%。

解：二月份比一月份多生产913－800＝113（件），

$$113÷800×100\%$$

$$=0.14125×100\%$$

$$=14.125\%。$$

答：二月份比一月份多生产服装14.125%。

（5）某机械厂制造了一种轴承，每套轴承的成本由2.3元降低到0.73元。求降低的百分数。

考点：百分数的应用。

分析："求降低的百分数"，就是求现在比过去降低了百分之多少，（注意：是"降低了"不是"降低到"）。以原来的成本为标准量。

解：（2.3－0.73）÷2.3×100%

$$=1.57÷2.3×100\%$$

$$≈0.683×100\%$$

$$=68.3\%$$

答：成本降低了约68.3%。

2. 巩固提高题

（1）甲数是乙数的$\frac{2}{5}$，是丙数的$\frac{7}{10}$，那么丙数是乙数的几分之几呢？

考点：求一个数是另一个数的几分之几。

分析：甲数是乙数的$\frac{2}{5}$，是丙数的$\frac{7}{10}$，由此可设甲数是 10，根据分数除法的意义，乙数是 $10 \div \frac{2}{5} = 25$，丙数是 $10 \div \frac{7}{10} = \frac{100}{7}$，根据分数的意义，丙数是乙数的 $\frac{100}{7} \div 25$，解答即可。

解：设甲数是 10，则

乙数为 $10 \div \frac{2}{5} = 25$，

丙数为 $10 \div \frac{7}{10} = \frac{100}{7}$，

丙数是乙数的 $\frac{100}{7} \div 25 = \frac{4}{7}$。

答：丙数是乙数的 $\frac{4}{7}$。

（2）工地有 24 000 块砖，第一周用去 $\frac{1}{3}$，第二周用去余下的 $\frac{3}{4}$。求第二周比第一周多用的百分数。

考点：百分数的应用。

分析：此题的关键是明白 $\frac{3}{4}$ 所表示的意思，指的是第一周后剩下砖的数量的 $\frac{3}{4}$。

解：第一周用去：$24\,000 \times \frac{1}{3} = 8000$（块），

剩下：$24\,000 - 8000 = 16\,000$（块）。

第二周用去：$16\,000 \times \frac{3}{4} = 12\,000$（块），

第二周比第一周多用：$12\,000 - 8000 = 4000$（块）。

第二周比第一周多用的百分数：

$4000 \div 8000 \times 100\%$

$= 0.5 \times 100\%$

=50%。

答：第二周比第一周多用50%。

（3）某班有学生50人，会游泳的有36人，那么会游泳的人数占全班人数的百分数是多少呢？如果这个班有女同学25人，其中$\frac{3}{5}$会游泳，那么，男同学会游泳的百分数是多少呢？

分析：第一问，直接用会游泳的人数除以全班总人数即可。第二问，求男同学中会游泳的人数占男同学总人数的百分数，应以男同学总人数作为标准量。其中会游泳男同学人数作为比较量。但这两个数都要通过已知条件算出来。先算出全班有男生多少人，然后算出全班会游泳的男生人数，用会游泳的男生人数除以全班的男生人数，解答即可。

解：会游泳的人数占全班人数的百分数：$\frac{36}{50}\times100\%=72\%$。

男生人数：$50-25=25$（人），

男同学中会游泳的人数：$36-25\times\frac{3}{5}=21$（人），

男同学会游泳的百分数：$21\div25\times100\%=84\%$。

答：会游泳的人数占全班人数的百分数是72%。男同学有84%会游泳。

（4）一根电线，用去全长的$\frac{1}{4}$多4米，这时剩下的比用去的多10米。这根电线原来多长？

考点：百分数的应用。

分析：根据题意，全长 = 全长$\times\frac{1}{4}+4+\left(\text{全长}\times\frac{1}{4}+4+10\right)$，即全长$\times\left(1-\frac{1}{4}\times2\right)=4+10+4$，解答即可求出这根电线原来的长度。

解：$\left(4+10+4\right)\div\left(1-\frac{1}{4}\times2\right)$

$$= 18 \div \frac{1}{2}$$

$$= 36 （米）。$$

答：这根电线原来长36米。

（5）山岭村早稻去年平均亩（1亩$= \frac{2000}{3}$平方米）产400千克，今年平均亩产600千克。求今年每亩产量比去年每亩产量多的百分数。去年每亩产量比今年每亩产量少的百分数又是多少？

考点：分数百分比问题。

分析：（方法一）第一问，"今年每亩产量比去年每亩产量多的百分数"，是指今年每亩产量比去年每亩产量多生产的数是去年每亩产量的百分之几。所以，要以去年每亩产量作标准量（整体"1"）。第二问，"去年每亩产量比今年少的百分数"，是指去年每亩产量比今年每亩产量少的数是今年每亩产量的百分数。所以，要以今年每亩产量作标准量（整体"1"）。（方法二）第一问，先求出今年每亩产量是去年每亩产量的百分数，然后再求多的百分数。第二问，先求出去年每亩产量是今年每亩产量的百分数，然后再求少的百分数。

解：（方法一）

$$（600 - 400）\div 400 \times 100\% = 50\%。$$

$$（600 - 400）\div 600 \times 100\%$$

$$= 200 \div 600 \times 100\%$$

$$\approx 33.3\%。$$

（方法二）

$$600 \div 400 \times 100\% - 1$$

$$=150\%-1$$

$$=50\%。$$

$$1-400\div600\times100\%$$

$$\approx1-66.7\%$$

$$=33.3\%。$$

答：今年每亩产量比去年多50%，去年每亩产量比今年约少33.3%。

奥数习题与解析

1. 基础训练题

（1）100克糖水正好装满了一个玻璃杯，其中含糖10克，从杯中倒出10克糖水后，再往杯中加满水，这时糖占水的几分之几呢？

分析：先算一下，杯子里倒出10克糖水后，还有多少克的糖，即$10-10\div100\times10=9$（克）；再算一下，杯子里的糖占水的几分之几，即$9\div(100-9)=\dfrac{9}{91}$。

解：倒出10克糖水后，剩余糖的质量为：

$$10-10\div100\times10=9（克）。$$

$$9\div(100-9)=\frac{9}{91}。$$

答：这时糖占水的$\dfrac{9}{91}$。

（2）有一瓶纯酒精，倒出$\dfrac{1}{4}$后，用水加满；再倒出$\dfrac{1}{5}$后，用水加满；最后倒出$\dfrac{1}{6}$后，用水加满。这时瓶中含有的纯酒精比原来少了几分之几？

分析：以原来的纯酒精为整体"1"，那么倒出 $\frac{1}{4}$ 后瓶中剩下的纯酒精是原来的 $1-\frac{1}{4}=\frac{3}{4}$；再倒出 $\frac{1}{5}$ 后，瓶中剩下的纯酒精是原来的 $\frac{3}{4}\times\left(1-\frac{1}{5}\right)=\frac{3}{5}$；再倒出 $\frac{1}{6}$ 后，瓶中剩下的纯酒精是原来的 $\frac{3}{5}\times\left(1-\frac{1}{6}\right)=\frac{1}{2}$；这时瓶中含有的纯酒精比原来少了 $1-\frac{1}{2}=\frac{1}{2}$。

解：$1-\left(1-\frac{1}{4}\right)\times\left(1-\frac{1}{5}\right)\times\left(1-\frac{1}{6}\right)$

$\qquad =1-\frac{3}{4}\times\frac{4}{5}\times\frac{5}{6}$

$\qquad =1-\frac{1}{2}$

$\qquad =\frac{1}{2}$。

答：这时瓶中含有的纯酒精比原来少了 $\frac{1}{2}$。

（3）某校上届学生中有女生 200 人，男生比女生多 80 人。这届学生中女生人数比上届的多 $\frac{1}{5}$，且比这届的男生多 30 人。这届学生中男生比上届的男生减少的百分数是多少？

分析：上届学生中有女生 200 人，这届增加了 $\frac{1}{5}$，那么这届女生人数是上届女生人数的 $1+\frac{1}{5}$，这届女生人数为 $200\times\left(1+\frac{1}{5}\right)=240$（人）。要求这届男生人数比上届减少的百分数，应该以上届男生人数（200+80）为标准量；以这届（女生人数-30）比上届减少的男生数为比较量。

解：这届女生人数为：

$$200 \times \left(1+\frac{1}{5}\right)=240 \text{（人）。}$$

$$[(200+80)-(240-30)]\div(200+80)\times 100\%$$

$$=(280-210)\div 280 \times 100\%$$

$$=70\div 280 \times 100\%$$

$$=25\%。$$

答：这届男生比上届的男生减少了25%。

（4）甲数的 $\frac{1}{2}$ 等于乙数的 $\frac{2}{5}$（甲、乙两数均不为0），那么甲数是乙数的几分之几？乙数是甲数的几分之几？

分析：根据甲数的 $\frac{1}{2}$ 等于乙数的 $\frac{2}{5}$，可得甲数 $\times \frac{1}{2}=$ 乙数 $\times \frac{2}{5}$，进而推理出甲数 $=$ 乙数 $\times \frac{2}{5}\div\frac{1}{2}$，乙数 $=$ 甲数 $\times \frac{1}{2}\div\frac{2}{5}$，化简即可。

解：根据题意，得

甲数 $\times \frac{1}{2}=$ 乙数 $\times \frac{2}{5}$，

甲数 $=$ 乙数 $\times \frac{2}{5}\div\frac{1}{2}=$ 乙数 $\times \frac{2}{5}\times 2=$ 乙数 $\times \frac{4}{5}$。

甲数 $\times \frac{1}{2}=$ 乙数 $\times \frac{2}{5}$，

乙数 $=$ 甲数 $\times \frac{1}{2}\div\frac{2}{5}=$ 甲数 $\times \frac{1}{2}\times \frac{5}{2}=$ 甲数 $\times \frac{5}{4}$。

答：甲数是乙数的 $\frac{4}{5}$，乙数是甲数的 $\frac{5}{4}$。

2. 拓展训练题

（1）琳琳倒满了一杯牛奶，第一次喝了 $\frac{1}{3}$，然后加入豆浆，将杯子斟满并搅拌均匀；第二次琳琳又喝了 $\frac{1}{3}$，继续用豆浆将杯子斟满并搅拌均匀。重复上述过程，第四次后，琳琳共喝了这杯牛奶总量的几分之几?

分析:不论是否加入豆浆,每次喝的都是杯子里剩下牛奶的 $\frac{1}{3}$,可列表如下:

项目	喝掉的牛奶	剩下的牛奶
第一次	$\frac{1}{3}$	$1-\frac{1}{3}=\frac{2}{3}$
第二次	$\frac{2}{3}\times\frac{1}{3}=\frac{2}{9}$ (喝掉剩下 $\frac{2}{3}$ 的 $\frac{1}{3}$)	$\frac{2}{3}\times\frac{2}{3}=\frac{4}{9}$ (剩下的是第一次剩下 $\frac{2}{3}$ 的 $\frac{2}{3}$)
第三次	$\frac{4}{9}\times\frac{1}{3}=\frac{4}{27}$ (喝掉剩下 $\frac{4}{9}$ 的 $\frac{1}{3}$)	$\frac{4}{9}\times\frac{2}{3}=\frac{8}{27}$ (剩下的是第二次剩下 $\frac{4}{9}$ 的 $\frac{2}{3}$)
第四次	$\frac{8}{27}\times\frac{1}{3}=\frac{8}{81}$ (喝掉剩下 $\frac{8}{27}$ 的 $\frac{1}{3}$)	
	最后喝掉的牛奶总量为 $\frac{1}{3}+\frac{2}{9}+\frac{4}{27}+\frac{8}{81}=\frac{65}{81}$	

解:第一次喝掉的牛奶为: $\frac{1}{3}$,

剩下的牛奶为: $1-\frac{1}{3}=\frac{2}{3}$;

第二次喝掉的牛奶为: $\frac{2}{3}\times\frac{1}{3}=\frac{2}{9}$,

剩下的牛奶为: $\frac{2}{3}\times\frac{2}{3}=\frac{4}{9}$;

第三次喝掉的牛奶为: $\frac{4}{9}\times\frac{1}{3}=\frac{4}{27}$,

剩下的牛奶为：$\dfrac{4}{9} \times \dfrac{2}{3} = \dfrac{8}{27}$；

第四次喝掉的牛奶为：$\dfrac{8}{27} \times \dfrac{1}{3} = \dfrac{8}{81}$。

琳琳共喝了这杯牛奶的 $\dfrac{1}{3} + \dfrac{2}{9} + \dfrac{4}{27} + \dfrac{8}{81} = \dfrac{65}{81}$。

答：琳琳共喝了这杯牛奶总量的 $\dfrac{65}{81}$。

（2）有三堆棋子，每堆棋子数一样多，并且都只有黑、白两种棋子。第一堆里的黑子数与第二堆里的白子数一样多，第三堆里的黑子数为全部黑子数的 $\dfrac{2}{5}$。把三堆棋子集中在一起，白子数为全部棋子数的几分之几？

分析：因为三堆围棋子数量相同，我们可以用三条长度相等的线段分别表示三堆棋子（如图2.3-1），每条线段又分成两段分别表示黑子和白子。

图 2.3-1

从图2.3-1中看出，黑1与黑2正好等于一条线段的长，即等于全部棋子数的 $\dfrac{1}{3}$，因为黑3占全部黑子数的 $\dfrac{2}{5}$，所以黑1和黑2占全部黑子数的 $\dfrac{3}{5}$。则全部黑子数的 $\dfrac{3}{5}$ 占全部棋子数的 $\dfrac{1}{3}$，所以全部黑子数占全部棋子数的 $\dfrac{1}{3} \div \dfrac{3}{5} = \dfrac{5}{9}$，那么白子数占全部棋子数的 $1 - \dfrac{5}{9} = \dfrac{4}{9}$。

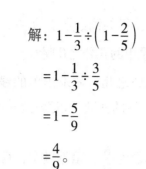

解：$1 - \dfrac{1}{3} \div \left(1 - \dfrac{2}{5}\right)$

$= 1 - \dfrac{1}{3} \div \dfrac{3}{5}$

$= 1 - \dfrac{5}{9}$

$= \dfrac{4}{9}$。

答：白子数为全部棋子数的 $\dfrac{4}{9}$。

（3）一盒糖果连盒重 450 克，吃去一部分后连盒重 150 克，已知盒子的质量是原有糖果质量的 $\dfrac{1}{8}$。这盒糖果余下了几分之几？

分析：已知盒子的质量是原有糖果质量的 $\dfrac{1}{8}$，那么总质量是糖果净重的 $1 + \dfrac{1}{8}$，根据分数除法的意义，糖果净重 $450 \div \left(1 + \dfrac{1}{8}\right) = 400$（千克）。又吃去一部分后连盒重 150 克，那么吃去的糖重 $450 - 150 = 300$（克），所以此时还剩下糖 $400 - 300 = 100$（克），根据分数的意义，这盒糖果余下了 $100 \div 400 = \dfrac{1}{4}$。

解：$\left[450 \div \left(1 + \dfrac{1}{8}\right)\right] - (450 - 150)$

$= \left(450 \div \dfrac{9}{8}\right) - 300$

$= 100$（克），

$100 \div 400 = \dfrac{1}{4}$。

答：这盒糖果余下了 $\dfrac{1}{4}$。

（4）比较甲、乙、丙三人的钱数。甲的钱数是乙的 $\frac{6}{11}$，丙的钱数是甲的 $\frac{5}{2}$。那么乙和丙的钱数是甲的几分之几呢？

分析：求乙和丙的钱数是甲的几分之几，先求出甲的钱数，以甲的钱数为标准量，再求出乙、丙的钱数，根据分数的意义求解即可。

解：设乙的钱数为 1，那么甲的钱数为 $\frac{6}{11}$，根据题意，得

丙的钱数为：$\frac{6}{11} \times \frac{5}{2} = \frac{15}{11}$；

乙、丙的钱数之和为：$1 + \frac{15}{11} = \frac{26}{11}$。

乙和丙的钱数是甲的 $\frac{26}{11} \div \frac{6}{11} = \frac{26}{6} = \frac{13}{3}$。

答：乙和丙的钱数是甲的 $\frac{13}{3}$。

课外练习与答案

1. 基础练习题

（1）把一根 20 厘米长的纸条不对折的情况下剪 4 次，要求剪的每小段一样长，那么每小段多长呢？每小段占全长的几分之几呢？

（2）六年级一班有男生 30 人，女生 24 人，女生人数是男生人数的几分之几呢？

（3）甲数是 5，乙数是 4，甲数比乙数多几分之几呢？

（4）甲数是 5，乙数是 4，乙数比甲数少几分之几呢？

（5）某小学一年级二班女生人数占男生人数的 $\frac{5}{6}$，转走 2 名女生后，全班共有 42 人。现在女生人数是男生人数的几分

之几呢？

2. **提高练习题**

（1）某工厂有工人256人，昨天缺勤8人。该工厂昨天的缺勤率是多少？

（2）把4克碘溶解在酒精中配成碘酒，如果配成的碘酒是2千克，那么这种碘酒的浓度是多少呢？

（3）一堆煤960吨，运了两次后，还剩680吨。已知第一次运走总数的 $\frac{1}{8}$，那么第二次运走总数的几分之几呢？

（4）一昼夜已经过去了 $\frac{3}{4}$，请问余下的时间是过去的时间的几分之几呢？

（5）某厂男职工占全厂职工总数的 $\frac{4}{7}$，女职工的人数相当于男职工人数的几分之几？

3. **经典练习题**

（1）小强家住六楼，现在小强已经爬到了三楼，那么小强爬了楼梯总高度的几分之几呢？

（2）机修车间有男工25人，女工20人，女工人数占机修车间总人数的几分之几呢？

（3）四年级二班有学生50人，缺席5人。缺席的人数占全班总人数的几分之几呢？

（4）某机械厂上个月用钢材56吨，比原计划节约了14吨，该机械厂上个月节约了几分之几的钢材？

（5）某机械厂食堂多次修改炉灶，用煤量由原来的平均每人每天1.5千克减少到平均每人每天0.6千克。减少的百分数是多少呢？

答案

1. 基础练习题

（1）每小段长4厘米，每小段占全长的 $\frac{1}{5}$。

（2）女生人数是男生人数的 $\frac{4}{5}$。

（3）甲数比乙数多 $\frac{1}{4}$。

（4）乙数比甲数少 $\frac{1}{5}$。

（5）现在女生人数是男生人数的 $\frac{3}{4}$。

2. 提高练习题

（1）该工厂昨天的缺勤率是3.125%。

（2）这种碘酒的浓度是0.2%。

（3）第二次运走总数的 $\frac{1}{6}$。

（4）余下的时间是过去的时间的 $\frac{1}{3}$。

（5）女职工的人数相当于男职工人数的 $\frac{3}{4}$。

3. 经典练习题

（1）小强爬了楼梯总高度的 $\frac{2}{5}$。

（2）女工人数占机修车间总人数的 $\frac{4}{9}$。

（3）缺席的人数占全班总人数的 $\frac{1}{10}$。

（4）该机械厂上个月节约了 $\frac{1}{5}$ 的钢材。

（5）减少了60%。

◆ 从整体到局部

例1: 求35元的 $\frac{1}{7}$、$\frac{3}{7}$ 各是多少。

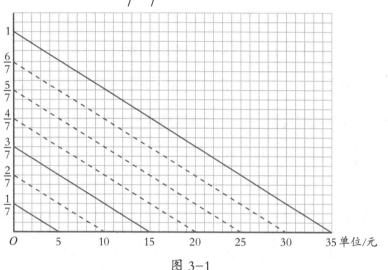

图 3-1

"你们觉得这个问题有什么困难吗?"马先生问。

"分母是一个数,分子是一个数,35元又是一个数,一共三个数,怎样画呢?"我感到的困难就在这一点。

"那么,把分数看成一个数,不是只有两个数了吗?"马先生说,"其实在这里,还可直截了当地看成一个简单的除法和乘法的问题。你们还记得我所讲过的除法的画法吗?"

"记得!任意画一条OA线,从O起,在外面取等长的若干段……"我还没有说完,马先生就接了下去:

"在这里，假如我们用横线（或纵线）表原数，就可以用纵线（或横线）当作任意直线 OA。就本题来说，任取一小段作 $\frac{1}{7}$，依次取 $\frac{2}{7}$、$\frac{3}{7}$，直到 $\frac{7}{7}$ 就是 1 了。也可以先取一长段作 1，就是 $\frac{7}{7}$，再把它分成 7 个等分。这样一来，要求 35 元的 $\frac{1}{7}$，怎样做呢？"

"先连 1 和 35，再过 $\frac{1}{7}$ 画它的平行线，和表示原数的线交于 5，就表明 35 元的 $\frac{1}{7}$ 是 5 元。"周学敏回答。

毫无疑问，过 $\frac{3}{7}$ 这一点照样画平行线，就得 35 元的 $\frac{3}{7}$ 是 15 元。如果我们过 $\frac{2}{7}$、$\frac{4}{7}$……也画同样的平行线，则 35 元的 $\frac{1}{7}$、$\frac{2}{7}$、$\frac{3}{7}$……就全都一目了然了。

马先生进一步指示：由本题来看，$\frac{1}{7}$ 是 5 元，$\frac{2}{7}$ 是 10 元，$\frac{3}{7}$ 是 15 元，$\frac{4}{7}$ 是 20 元……到 $\frac{7}{7}$（全数）是 35 元。可知，如果把 $\frac{1}{7}$ 作单位，$\frac{2}{7}$、$\frac{3}{7}$、$\frac{4}{7}$……相应地就是它的 2 倍、3 倍、4 倍……

所以我们如果把倍数的意义看得宽一些，分数的问题，实质上，和倍数的问题，没有什么差别。求 35 的 2 倍、3 倍……和求它的 $\frac{2}{7}$、$\frac{3}{7}$……都同样用乘法：

$$35 \times 2 = 70, \quad 35 \times 3 = 105 \text{（倍数）}$$
$$35 \times \frac{2}{7} = 10, \quad 35 \times \frac{3}{7} = 15 \text{（分数）}$$

广义的倍数

归结一句：知道一个数，要求它的几分之几，和求它的多少倍一样，都是用乘法。

例2：华民有48元，将 $\frac{1}{4}$ 给他弟弟；他弟弟将所得的 $\frac{1}{3}$ 给小妹妹，每人现在分别有多少元？各人现有的是华民原有的几分之几？

本题表面上虽然和前一例略有不同，追本溯源，却没有什么差别。OA 看作单位"1"（或说"整体"）。OB 表示48元。OC 表示 $\frac{1}{4}$。CD 平行于 AB。OE 表示 OC 的 $\frac{1}{3}$，EF 平行于 CD，自然也就平行于 AB，如图3-2。

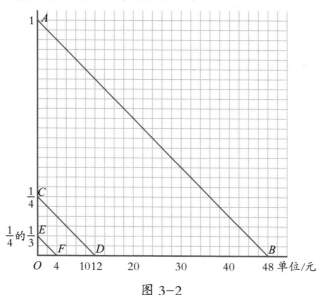

图 3-2

D 表示12元，是华民给弟弟的。OB 减去 OD 剩36元，是华民分给弟弟后剩余的。F 表示4元，是华民的弟弟给小妹妹的。OD 减去 OF，剩余8元，是华民的弟弟剩余的。他们所有的，依次是：36元、8元、4元，加起来正好是48元。

至于各人所有的对于华民原有的来说，依次是$\frac{3}{4}$、$\frac{1}{6}$、$\frac{1}{12}$。

这题的算法如下：

华民给弟弟$48 \times \frac{1}{4} = 12$（元），

华民给弟弟后剩余$48 - 12 = 36$（元）；

弟弟给小妹妹$12 \times \frac{1}{3} = 4$（元），

弟弟剩余$12 - 4 = 8$（元）。

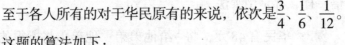

华民现有是自己原有的$1 - \frac{1}{4} = \frac{3}{4}$；

小妹妹现有是华民原有的$\frac{1}{4} \times \frac{1}{3} = \frac{1}{12}$；

弟弟现有是华民原有的$\frac{1}{4} - \frac{1}{4} \times \frac{1}{3} = \frac{2}{12} = \frac{1}{6}$。

例3：甲、乙、丙三人分60元，甲分得$\frac{2}{5}$，乙分得的等于甲的$\frac{2}{3}$，甲、乙、丙各得多少？

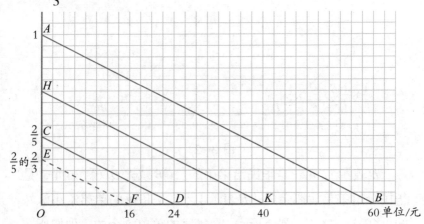

图 3-3

"这道题和前面两道，有什么不同？"马先生问。

"一样，不过多转了一个弯。"王有道答道。

"这种看法是对的。"马先生叫王有道将图画出来并说明。

"*AB*、*CD*、*EF*三条线的画法，和前面一样。"他一边画，一边说，"从 *C* 向上取 *CH* 等于 *OE*。画 *HK* 平行于 *AB*。*D* 表示甲分得24元，*OF* 表示乙分得16元。*OK* 表示甲、乙共分得40元。*KB* 就表示丙分得20元。"

王有道已说得很明白，马先生叫我将算法写出来。

OD 表示甲分得的：$60 \times \frac{2}{5} = 24$（元）；

OF 表示乙分得的：$24 \times \frac{2}{3} = 16$（元）；

丙分得的：$60 - (24 + 16) = 60 - 40 = 20$（元）。

$$\vdots \quad \vdots \quad \vdots \quad \vdots \quad \vdots \quad \vdots$$

$$OB \quad OD \quad DK \quad OB \quad OK \ KB$$

例4：某人存款270元，每次取出存款余额的 $\frac{1}{3}$，连取3次，每次各取出多少，还剩多少？

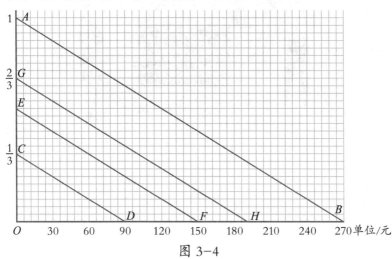

图 3-4

这个问题，参照前面当然很简单。大概也是因为如此，马先生才留给我们自己做。我只将图（如图3-4）画在这里，作为参考。

D表示第一次取90元，F表示第二次取60元，H表示第三次取40元。还剩HB为80元。

基本公式与例解

1. 基本公式与例解

求一个数的几分之几是多少。这类问题的特点是已知一个看作单位"1"的数，求它的几分之几是多少，通常用乘法解题。反映的是两者之间的数量关系。

其基本公式（数量关系）主要如下表所示。

项目	公式（数量关系）
①求一个数的几分之几是多少	标准量×几分之几＝是多少（分率对应的比较量）
②已知一个数比另一个数多几分之几，求多多少	标准量×几分之几＝多多少（分率对应的比较量）
③已知一个数比另一个数多几分之几，求这个数	标准量×（1＋几分之几）＝是多少（分率对应的比较量）
④已知一个数比另一个数少几分之几，求少多少	标准量×几分之几＝少多少（分率对应的比较量）
⑤已知一个数比另一个数少几分之几，求这个数	标准量×（1－几分之几）＝是多少（分率对应的比较量）

例1：学校买来100千克白菜，吃了$\frac{4}{5}$。吃了多少千克？

分析：基本公式①，求一个数的几分之几是多少，反映的是整体与部分之间的关系。标准量×几分之几=是多少。

解：$100 \times \dfrac{4}{5} = 80$（千克）。

答：吃了80千克。

例2：一个排球定价60元，篮球的价格是排球的$\dfrac{7}{6}$。篮球的价格是多少元？

分析：基本公式①，求一个数的几分之几是多少，这道题反映的是两数之间的关系。根据公式得：排球的价格$\times \dfrac{7}{6}=$篮球的价格。

解：$60 \times \dfrac{7}{6} = 70$（元）。

答：篮球的价格是70元。

例3：人的心脏每分钟跳动的次数随着年龄而变化。青少年每分钟心跳约75次，婴儿每分钟心跳的次数比青少年约多$\dfrac{4}{5}$。婴儿每分钟心跳比青少年大约多多少次？

分析：基本公式②，已知一个数比另一个数多几分之几，求多多少，所求数量与分率相对应。根据公式得：婴儿每分钟心跳比青少年大约多的次数=青少年每分钟心跳的次数×婴儿每分钟心跳的次数比青少年约多$\dfrac{4}{5}$。

解：$75 \times \dfrac{4}{5} = 60$（次）。

答：婴儿每分钟心跳比青少年大约多60次。

例4：人的心脏每分钟跳动的次数随着年龄而变化。青少年每分钟心跳约75次，婴儿每分钟心跳的次数比青少年大约

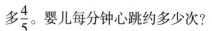

多$\frac{4}{5}$。婴儿每分钟心跳约多少次?

分析:基本公式③,已知一个数比另一个数多几分之几,求这个数的问题。需要将分率转化为所求数量对应的分率。已知婴儿每分钟心跳的次数比青少年大约多$\frac{4}{5}$,那么婴儿每分钟心跳是青少年的$\left(1+\frac{4}{5}\right)$,婴儿每分钟心跳的次数=青少年每分钟心跳的次数$\times\left(1+\frac{4}{5}\right)$。

解:$75\times\left(1+\frac{4}{5}\right)=135$(次)。

答:婴儿每分钟心跳约135次。

例5:学校有20个足球,篮球比足球少$\frac{1}{5}$,篮球比足球少多少个?

分析:基本公式④,已知一个数比另一个数少几分之几,求少多少的问题。所求数量和已知分率直接对应。根据公式得:篮球比足球少的数量=足球的数量$\times\frac{1}{5}$。

解:$20\times\frac{1}{5}=4$(个)。

答:篮球比足球少4个。

例6:学校有20个足球,篮球比足球少$\frac{1}{5}$,篮球有多少个?

分析:基本公式⑤,已知一个数比另一个数少几分之几,求这个数的问题。需要将分率转化成所求数量对应的分率。根据题意,篮球比足球少$\frac{1}{5}$,那么篮球就是足球的$\left(1-\frac{1}{5}\right)$。根据公式得:篮球的数量=足球的数量$\times\left(1-\frac{1}{5}\right)$。

解：$20 \times \left(1 - \dfrac{1}{5}\right) = 16$（个）。

答：篮球有 16 个。

2. 强化训练

例1：一根钢管长 20 米，第一次用去 $\dfrac{2}{5}$，第二次用去剩下的一半，第三次又用去剩下的一半。这根钢管还剩多少米呢？

分析：第一次用去 $\dfrac{3}{5}$，还剩 $20 \times \left(1 - \dfrac{2}{5}\right) = 12$（米）；第二次用去剩下的一半，还剩 $12 \times \left(1 - \dfrac{1}{2}\right) = 6$（米）；第三次又用去剩下的一半，还剩 $6 \times \left(1 - \dfrac{1}{2}\right) = 3$（米）。

解：$20 \times \dfrac{3}{5} \times \left(1 - \dfrac{1}{2}\right) \times \left(1 - \dfrac{1}{2}\right)$

$= 12 \times \dfrac{1}{4}$

$= 3$（米）。

答：这根钢管还剩 3 米。

例2：某校有学生 702 人，女生人数比男生人数的 $\dfrac{4}{5}$ 少 18 人。男、女生各有多少人呢？

分析：某校有学生 702 人，女生人数比男生人数的 $\dfrac{4}{5}$ 少 18 人，也就是说总人数加上 18 人，女生人数就是男生人数的 $\dfrac{4}{5}$，因此将全校男、女生人数分成（4+5）份，女生占 $\dfrac{4}{4+5}$，男生占 $\dfrac{5}{4+5}$。

解：总份数为 4+5=9（份）。

男生：$(702+18) \times \dfrac{5}{9}$

$$=720 \times \frac{5}{9}$$

$$=400（人）。$$

女生：$702-400=302$（人）。

答：这所学校男生有400人，女生有302人。

例3：第一车间有四个生产小组，第一、二小组共19人，第二、三、四小组共35人，已知第二小组人数占第一车间总人数的$\frac{1}{5}$。第一车间共有多少人？

分析：（方法一）将第一车间总人数看成5份，已知第二小组人数占第一车间总人数的$\frac{1}{5}$，则第一车间与第二小组人数总和为6份，则$(35+19) \times \frac{5}{6}$即为第一车间的人数。

（方法二）可用设未知数的方法求解。

解：（方法一）将第一车间与第二小组总人数视为$1+5=6$（份），则第一车间总人数为$(35+19) \times \frac{5}{6}=45$（人）。

（方法二）设第一车间共有x人，则第二小组有$\frac{x}{5}$人，第一小组有$\left(19-\frac{x}{5}\right)$人，三、四小组共$\left(35-\frac{x}{5}\right)$人。根据题意，得

$$x=\frac{x}{5}+19-\frac{x}{5}+35-\frac{x}{5}，$$

$$x=54-\frac{x}{5}，$$

$$\frac{6x}{5}=54，$$

$$x=45。$$

答：第一车间共有45人。

例4：六年级学生一共采集树种72千克，其中$\frac{2}{5}$是槐树种子，其余是松树种子。采集槐树种子和松树种子各多少千克？

分析：（方法一）六年级学生采集槐树种子占采集种子总数的$\frac{2}{5}$，共采集72千克，那么采集槐树种子$72 \times \frac{2}{5} = 28.8$（千克）；采集的松树种子占$\left(1 - \frac{2}{5}\right)$，那么就有$72 \times \left(1 - \frac{2}{5}\right) = 43.2$（千克）。

解：采集槐树种子：$72 \times \frac{2}{5} = 28.8$（千克）；

采集松树种子：$72 \times \left(1 - \frac{2}{5}\right)$

$$= 72 \times \frac{3}{5}$$

$$= 43.2\text{（千克）}。$$

答：采集槐树种子28.8千克，采集松树种子43.2千克。

应用习题与解析

1. 基础练习题

（1）小红的体重是42千克，小云的体重是40千克，小新的体重相当于小红和小云体重总和的$\frac{1}{2}$。小新的体重是多少千克呢？

考点：分数应用题，求一个数的几分之几是多少（以两个数的数量和作为标准量）。

分析：这道题目主要是以小红和小云体重的数量和作为标

准量。小新的体重=（小红的体重+小云的体重）× $\frac{1}{2}$。

解：（42+40）× $\frac{1}{2}$ =41（千克）。

答：小新的体重是41千克。

（2）有一摞纸，共120张。第一次用了它的 $\frac{3}{5}$ ，第二次用了它的 $\frac{1}{6}$ 。两次一共用了多少张纸呢？

考点：分数应用题，一个数的几分之几是多少（所求数量对应的分率是两个分率的和）。

分析：两次一共用的纸张数=总张数× $\left(\frac{3}{5}+\frac{1}{6}\right)$ 。

解：120× $\left(\frac{3}{5}+\frac{1}{6}\right)$ =92（张）。

答：两次一共用了92张纸。

（3）国家一级保护动物野生丹顶鹤，2001年全世界约有2000只，我国约占其中的 $\frac{1}{4}$ ，那么其他国家约有多少只野生丹顶鹤呢？

考点：分数应用题，一个数的几分之几是多少（所求数量对应的分率没有直接给出）。

分析：先求分率，我国约占其中的 $\frac{1}{4}$ ，那么其他国家约占 $1-\frac{1}{4}=\frac{3}{4}$ ，因此用全世界野生丹顶鹤的总数量× $\frac{3}{4}$ =其他国家野生丹顶鹤的数量。

解：2000× $\left(1-\frac{1}{4}\right)$ =1500（只）。

答：其他国家约有1500只野生丹顶鹤。

（4）小亮储蓄箱中有18元，小华储蓄的钱是小亮的 $\frac{5}{6}$ ，小新储蓄的钱是小华的$\frac{2}{3}$。小新储蓄箱里有多少钱?

考点：分数应用题，求一个数的几分之几是多少（单位"1"的量已知）。

分析：根据小亮储蓄箱中的钱求出小华储蓄的钱，由小华储蓄的钱求出小新储蓄的钱。

解：$18 \times \frac{5}{6} \times \frac{2}{3} = 10$（元）。

答：小新储蓄箱里有10元钱。

（5）学校有20个足球，篮球比足球多$\frac{1}{4}$。篮球有多少个呢?

考点：分数应用题，已知一个数比另一个数多几分之几，求这个数。

分析：这道题目需要将分率转化为所求数量对应的分率。已知篮球比足球多$\frac{1}{4}$，那么篮球就是足球的$\left(1+\frac{1}{4}\right)$，因此篮球的数量＝足球的数量×$\left(1+\frac{1}{4}\right)$。

解：$20 \times \left(1+\frac{1}{4}\right) = 25$（个）。

答：篮球有25个。

（6）一种服装原价105元，现在降价$\frac{2}{7}$。现在的售价是多少元呢?

考点：分数应用题，已知一个数比另一个数少几分之几，求少多少。

分析：首先算出所求数量对应的分率。一件服装，现在降价$\frac{2}{7}$，所以现在的售价是原售价的$\left(1-\frac{2}{7}\right)$，因此现在的售

价 = 服装原价 × $\left(1-\dfrac{2}{7}\right)$。

解：$105 \times \left(1-\dfrac{2}{7}\right) = 75$（元）。

答：现在的售价是 75 元。

（7）学校的果园里有梨树 15 棵，苹果树 20 棵。苹果树的棵数是梨树的几倍？

考点：分数应用题，求一个数是另一个数的几分之几。

分析：根据"苹果树的棵数是梨树的几倍 = 苹果树的棵数 ÷ 梨树的棵数"解答即可。

解：$20 \div 15 = \dfrac{4}{3}$（倍）。

答：苹果树的棵数是梨树的 $\dfrac{4}{3}$ 倍。

2. 巩固提高题

（1）师徒二人加工 200 个零件，徒弟做的零件个数是师傅的 $\dfrac{1}{3}$，那么师傅做了多少个零件呢？

考点：分数应用题。

分析：徒弟做的零件个数是师傅的 $\dfrac{1}{3}$，也就是说师傅和徒弟共做了师傅的 $\left(1+\dfrac{1}{3}\right)$，因此师傅做的零件个数是加工的零件总个数 ÷ 师傅和徒弟共做的零件份数。

解：$200 \div \left(1+\dfrac{1}{3}\right)$

$= 200 \div \dfrac{4}{3}$

$= 150$（个）。

答：师傅做了 150 个零件。

（2）一本书共600页，小红第一天看了它的 $\frac{1}{4}$，第二天看了它的 $\frac{2}{5}$，两天一共看了多少页？

考点：分数应用题，求一个数的几分之几是多少。

分析：根据题意，要把这本书的总页数看作单位"1"，小红第一天看了它的 $\frac{1}{4}$，第二天看了它的 $\frac{2}{5}$，两天一共看了总页数的 $\left(\frac{1}{4}+\frac{2}{5}\right)$，总页数是600。据此解答。

解：$600 \times \left(\frac{1}{4}+\frac{2}{5}\right)$

$= 600 \times \frac{13}{20}$

$= 390$（页）。

答：两天一共看了390页。

（3）一个乒乓球从25米的高空下落，如果每次弹起的高度是下落高度的 $\frac{2}{5}$，那么它第四次下落后能弹起多少米呢？

考点：分数应用题，求一个数的几分之几是多少。

分析：如果一个乒乓球每次弹起的高度是下落高度的 $\frac{2}{5}$，那么第一次下落后弹起 $25 \times \frac{2}{5} = 10$（米）；第二次下落后弹起 $25 \times \frac{2}{5} \times \frac{2}{5} = 4$（米）；第三次下落后弹起 $25 \times \frac{2}{5} \times \frac{2}{5} \times \frac{2}{5} = \frac{8}{5}$（米）；因此第四次下落后弹起 $25 \times \frac{2}{5} \times \frac{2}{5} \times \frac{2}{5} \times \frac{2}{5} = \frac{16}{25}$（米）。

解：第一次下落后弹起 $25 \times \frac{2}{5} = 10$（米）；

第二次下落后弹起 $10 \times \frac{2}{5} = 4$（米）；

第三次下落后弹起 $4 \times \frac{2}{5} = \frac{8}{5}$（米）；

因此第四次下落后弹起 $\frac{8}{5} \times \frac{2}{5} = \frac{16}{25}$（米）。

答：第四次下落后能弹起 $\frac{16}{25}$ 米。

（4）甲、乙两个仓库，甲仓存粮 30 吨，如果从甲仓取出 $\frac{1}{10}$ 放入乙仓，那么两仓的存粮数相等。那么两仓一共存粮多少千克呢？

考点：分数应用题，求一个数的几分之几是多少。

分析：甲仓存粮 30 吨，如果从甲仓中取出 $\frac{1}{10}$ 后，那么甲仓还剩下全部的 $\left(1 - \frac{1}{10}\right)$，即还剩 $30 \times \left(1 - \frac{1}{10}\right)$ 吨，此时两仓存粮数相等，所以两个仓库一共存粮 $30 \times \left(1 - \frac{1}{10}\right) \times 2$ 吨。

解：$30 \times \left(1 - \frac{1}{10}\right) \times 2$

$\qquad = 30 \times \frac{9}{10} \times 2$

$\qquad = 27 \times 2$

$\qquad = 54$（吨）。

答：两仓一共存粮 54 千克。

（5）修路队计划修路 5 千米，已经修了 $\frac{2}{5}$ 千米。则还要修多少千米，就正好修全长的 $\frac{2}{5}$？

考点：分数应用题，求一个数的几分之几是多少。

分析：修路队计划修路 5 千米，根据分数乘法的意义，全长的 $\frac{2}{5}$ 是 $5 \times \frac{2}{5}$ 米，又已知已经修了 $\frac{2}{5}$ 千米，根据减法的意义，还要修 $\left(5 \times \frac{2}{5} - \frac{2}{5}\right)$ 千米就正好修全长的 $\frac{2}{5}$。

解：$5 \times \dfrac{2}{5} - \dfrac{2}{5}$

$= 2 - \dfrac{2}{5}$

$= \dfrac{8}{5}$（千米）。

答：还要修 $\dfrac{8}{5}$ 千米，就正好修全长的 $\dfrac{2}{5}$。

奥数习题与解析

1. 基础训练题

（1）学校食堂十一月份用燃气 640 立方米，十二月份计划用燃气是十一月份的 $\dfrac{9}{10}$，而十二月份实际用燃气比原计划节约 $\dfrac{1}{12}$。那么十二月份比原计划节约燃气多少立方米？

分析：明确题中的三个数量，把其中两个数量分别看作单位"1"，并注意所求数量对应的分率。根据题意，十二月份计划用燃气是十一月份的 $\dfrac{9}{10}$，那么十二月份计划用燃气 $\left(640 \times \dfrac{9}{10} \right)$ 立方米，十二月份实际用燃气比原计划节约 $\dfrac{1}{12}$，那么十二月份比原计划节约燃气 $\left(640 \times \dfrac{9}{10} \times \dfrac{1}{12} \right)$ 立方米。

解：$640 \times \dfrac{9}{10} \times \dfrac{1}{12} = 48$（立方米）。

答：十二月份比原计划节约燃气 48 立方米。

（2）修一条长200米的水渠，已经修了80米，再修多少米刚好修这条水渠的$\frac{3}{5}$？

分析：首先，这条水渠的$\frac{3}{5}$是$200 \times \frac{3}{5} = 120$（米），已经修了80米，那么修到这条水渠的$\frac{3}{5}$还需要修$120 - 80 = 40$（米）。

解：$200 \times \frac{3}{5} - 80$

$= 120 - 80$

$= 40$（米）。

答：再修40米刚好修这条水渠的$\frac{3}{5}$。

（3）学校去年植树120棵，今年植树的棵数比去年的$\frac{3}{4}$多5棵。请问今年植树多少棵？

分析：$\frac{3}{4}$的单位"1"是去年植树的棵数，根据"今年植树的棵数比去年的$\frac{3}{4}$多5棵"再根据分数乘法的意义，列出正确的算式。

解：$120 \times \frac{3}{4} + 5$

$= 90 + 5$

$= 95$（棵）。

答：今年植树95棵。

（4）一台拖拉机每小时耕地$\frac{2}{7}$公顷，那么8台拖拉机45分钟耕地多少公顷？

分析：45分钟$= \frac{3}{4}$小时，用每台的工作效率乘$\frac{3}{4}$小时，即每台拖拉机45分钟完成的工作量，然后再乘上8就是8台拖拉机45分钟的工作量。

解：45分钟$=\dfrac{3}{4}$小时，

$$\dfrac{2}{7}\times\dfrac{3}{4}\times 8$$

$$=\dfrac{3}{14}\times 8$$

$$=\dfrac{12}{7}（公顷）。$$

答：8台拖拉机45分钟耕地$\dfrac{12}{7}$公顷。

（5）甲、乙、丙三人共同加工一批零件，甲比乙多加工20个，丙加工的零件数是乙加工零件数的$\dfrac{4}{5}$，甲加工零件数是乙、丙加工零件数的$\dfrac{5}{6}$。那么甲、丙加工零件数分别是多少？

分析：把乙加工的零件数看作"1"，那么丙加工的零件数是$\dfrac{4}{5}$，甲加工零件数是$\left(1+\dfrac{4}{5}\right)\times\dfrac{5}{6}=\dfrac{3}{2}$，由于甲比乙多加工20个，所以乙加工零件数为$20\div\left(\dfrac{3}{2}-1\right)=40$（个），所以甲、丙加工的零件数分别是$40\times\dfrac{3}{2}=60$（个）、$40\times\dfrac{4}{5}=32$（个）。

解：乙加工零件数为：$20\div\left(\dfrac{3}{2}-1\right)=20\div\dfrac{1}{2}=40$（个）；

甲加工零件数为：$40\times\dfrac{3}{2}=60$（个）；

丙加工零件数为：$40\times\dfrac{4}{5}=32$（个）。

答：甲、丙加工零件数分别是60个、32个。

2. 拓展训练题

（1）鞋厂生产皮鞋，十月份生产鞋的数量与九月份的比是5∶4。如果十月份生产2000双，那么九月份生产多少双鞋呢？

分析：（方法一）十月份生产鞋的数量与九月份的比是 $5：4$，也就是说十月份生产鞋的数量是九月份生产的 $\frac{5}{4}$，因此，九月份生产鞋的数量＝十月份生产鞋的数量 $\div\frac{5}{4}$。（方法二）九月份生产鞋的数量是十月份生产鞋的数量的 $\frac{4}{5}$，那么九月份生产鞋的数量＝十月份生产鞋的数量 $\times\frac{4}{5}$。

解：（方法一）十月份生产鞋的数量是九月份生产鞋的数量的 $\frac{5}{4}$。

$$2000\div\frac{5}{4}=1600（双）。$$

（方法二）九月份生产鞋的数量是十月份生产鞋的数量的 $\frac{4}{5}$。

$$2000\times\frac{4}{5}=1600（双）。$$

答：九月份生产1600双鞋。

（2）某小学向希望工程捐款，六年级一班捐的占六年级的 $\frac{1}{3}$，六年级捐的占全校捐款的 $\frac{1}{4}$，全校共捐款2400元。六年级一班捐了多少元呢？

分析：（方法一）把全校的捐款总数看作单位"1"，用 2400 乘 $\frac{1}{4}$ 就是六年级学生捐款的钱数，用六年级的学生捐款的钱数乘 $\frac{1}{3}$ 就是六年级一班捐款的钱数。（方法二）设六年级一班捐了 x 元，用 $x\div\frac{1}{3}\div\frac{1}{4}$ 就是总钱数2400元，列方程解答即可。

解：（方法一）$2400 \times \dfrac{1}{3} \times \dfrac{1}{4}$

$$= 2400 \times \dfrac{1}{12}$$

$$= 200（元）。$$

（方法二）设六年级一班捐了 x 元，根据题意，得

$$x \div \dfrac{1}{3} \div \dfrac{1}{4} = 2400$$

$$12x = 2400$$

$$x = 200。$$

答：六年级一班捐了 200 元。

（3）车间主任分配给黄师傅 320 个零件，要在 10 小时内完成，如果黄师傅 3 小时加工了总数的 $\dfrac{3}{8}$。照这样计算，黄师傅能在规定时间内完成任务吗？为什么？

分析：（方法一）比较效率。黄师傅 3 小时就加工了总数的 $\dfrac{3}{8}$，那么 1 小时完成总数的 $\dfrac{3}{8} \div 3 = \dfrac{1}{8}$，那么 10 小时完成总数的 $\dfrac{1}{8} \times 10 = \dfrac{10}{8}$；把主任分配给黄师傅 320 个零件看为 "1"，$\dfrac{10}{8} > 1$，所以能完成。（方法二）比较 10 小时内完成的数量。1 小时完成总数的 $\dfrac{3}{8} \div 3 = \dfrac{1}{8}$，那么 1 小时完成的数量为 $\dfrac{1}{8} \times 320 = 40$（个），那么 10 小时完成的数量为 $10 \times 40 = 400$（个），$400 > 320$，所以能完成。

解：（方法一）1 小时完成总数的 $\dfrac{3}{8} \div 3 = \dfrac{1}{8}$；

10 小时完成总数的 $\dfrac{1}{8} \times 10 = \dfrac{5}{4}$。

因为 $\dfrac{5}{4} > 1$，所以能完成。

（方法二）1 小时完成总数的 $\dfrac{3}{8} \div 3 = \dfrac{1}{8}$；

1 小时完成的数量为 $\dfrac{1}{8} \times 320 = 40$（个）；

10 小时完成的数量为 $10 \times 40 = 400$（个）。

因为 $400 > 320$，所以能完成。

答：黄师傅能在规定时间内完成任务。

（4）有甲、乙两队同学，甲队有 30 人，如果从甲队中调 $\dfrac{1}{10}$ 的同学到乙队中，甲、乙两队的人数就相等。乙队原有多少人呢？

分析："如果从甲队中调 $\dfrac{1}{10}$ 的同学到乙队中，甲、乙两队的人数就相等"，乙队原有的人数相当于甲队的 $\left(1 - \dfrac{1}{10} \times 2\right)$，已知甲队有 30 人。据此解答。

解：$30 \times \left(1 - \dfrac{1}{10} \times 2\right)$

$\qquad = 30 \times \left(1 - \dfrac{1}{5}\right)$

$\qquad = 30 \times \dfrac{4}{5}$

$\qquad = 24$（人）。

答：乙队原有 24 人。

（5）一本故事书有 96 页，小兰看了 43 页。小红说："小兰剩下的页数比全书的 $\dfrac{3}{4}$ 少 15 页。"小莉说："小兰剩下的页数比全书的 $\dfrac{1}{2}$ 多 5 页"。请问小红和小莉谁说得对？

分析：分数乘法问题。首先这本故事书小兰看了43页，那么还剩 $96-43=53$（页）。根据小红所说，小兰剩下的页数为 $96 \times \frac{3}{4} - 15 = 57$（页）；根据小莉所说，小兰剩下的页数为 $96 \times \frac{1}{2} + 5 = 53$（页）。所以小莉说得对。

解：小兰看了43页，这本书还剩：$96-43=53$（页）。

又因为 $96 \times \frac{3}{4} - 15 = 57$（页），

$96 \times \frac{1}{2} + 5 = 53$（页），

所以小莉说得对。

答：小莉说得对。

课外练习与答案

1. 基础练习题

（1）一款电脑售价为3000元，成本是售价的 $\frac{2}{3}$。卖一台电脑的利润是多少钱呢？（利润＝实际售价－成本）

（2）某畜牧场养了900头肉牛，奶牛比肉牛多 $\frac{1}{4}$。奶牛有多少头呢？

（3）某班有男生30人，女生人数是男生人数的 $\frac{2}{3}$。那么这个班女生有多少人呢？

（4）某班有男生30人，女生人数比男生人数少 $\frac{1}{3}$。请问这个班女生有多少人呢？

（5）东乡修了两条水渠，第一条长1200米，第二条比第

一条的 $\frac{5}{6}$ 少 50 米。两条水渠一共长多少米？

2. 提高练习题

（1）五、六年级共有学生 175 人。分成三组参加活动，第一、二组的人数比是 5∶4，第三组有 67 人，第一、二组各有多少人？

（2）商店购买三种水果一共 240 千克，其中梨占 $\frac{3}{5}$，橘子的质量是苹果质量的 $\frac{1}{2}$。橘子有多少千克？

（3）有 300 个桃子，大猴子拿走 $\frac{1}{3}$，小猴子拿走余下的 $\frac{1}{4}$。小猴子拿走了多少个桃子？

（4）姐妹俩养兔 100 只。姐姐养的 $\frac{1}{3}$ 比妹妹养的 $\frac{1}{10}$ 多 16 只。姐妹俩各养兔多少只？

（5）小明存钱罐中有 180 元，小刚存钱罐中的钱是小明的 $\frac{5}{6}$，小红存钱罐中的钱是小刚的 $\frac{2}{3}$。小红存钱罐中有多少元？

3. 经典练习题

（1）一块长方形地，长是 20 米，宽是长的 $\frac{2}{5}$。那么这块地的面积是多少呢？

（2）学校买了 80 千克橘子，买的苹果的质量比橘子多 $\frac{1}{2}$，买的香蕉质量是苹果和橘子总质量的 $\frac{1}{2}$。学校一共买了多少千克水果？

（3）修一段公路，长 1000 米，甲队已经修了这段路的 $\frac{2}{5}$，剩下的由乙队修，那么乙队要修多少米？

（4）学校图书馆有 3600 本书，其中 $\frac{1}{18}$ 是经典名著，

$\dfrac{3}{40}$ 是科普书。经典名著和科普书各多少本？

（5）爸爸今年 40 岁，儿子的年龄比爸爸年龄的 $\dfrac{1}{4}$ 多 4 岁。儿子今年多少岁？

答　案

1. 基础练习题

（1）卖一台电脑的利润是 1000 元。

（2）奶牛有 1125 头。

（3）这个班女生有 20 人。

（4）这个班女生有 20 人。

（5）两条水渠一共长 2150 米。

2. 提高练习题

（1）第一、二组各有 60 人、48 人。

（2）橘子有 32 千克。

（3）小猴子拿走了 50 个桃子。

（4）姐姐养兔 60 只，妹妹养兔 40 只。

（5）小红存钱罐中有 100 元。

3. 经典练习题

（1）这块地的面积是 160 平方米。

（2）学校一共买了 300 千克水果。

（3）乙队要修 600 米。

（4）经典名著 200 本，科普书 270 本。

（5）儿子今年 14 岁。

◆ 从局部到整体

例1：某数的 $\frac{3}{4}$ 是12，求某数。

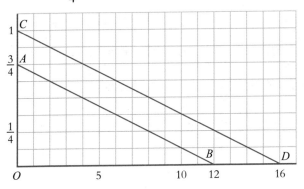

图 4-1

"这是知道了某数的部分，而要求它的整体，和前一种正相反。所以它的画法，只是将前一种方法反其道而行了。"马先生说。

"横线表示数，纵线表示分数，$\frac{3}{4}$ 怎样画？"

"先任取一长段作1，再将它4等分，就可得 $\frac{1}{4}$、$\frac{2}{4}$、$\frac{3}{4}$ 各点。"一名同学说。

"这样的办法是对的，不过不便捷。"马先生点评道。

"先任取一小段作 $\frac{1}{4}$，再连续次第取等长表示 $\frac{2}{4}$、$\frac{3}{4}$……"周学敏说。

"这就比较方便了。"说完，马先生在 $\frac{3}{4}$ 的那一点标 A，

12那点标 B，又在1那点标 C，"这样一来，怎样画呢？"

"先连接 AB，再过 C 作它的平行线 CD。点 D 表示16，它的 $\frac{1}{4}$ 是4，它的 $\frac{3}{4}$ 正好是12。16就是所求的数。"

依照知整体求局部的样子，把"倍数"的意义看得广泛一点，这类题的计算法，正和"已知某数的倍数，求某数"一样，都应当用除法。

例如，某数的5倍是105，则：某数 $= 105 \div 5 = 21$。

而本题，某数的 $\frac{3}{4}$ 是12，则：某数 $= 12 \div \frac{3}{4} = 12 \times \frac{4}{3} = 16$。

例2：某数的 $2\frac{1}{3}$ 是21，某数是多少？

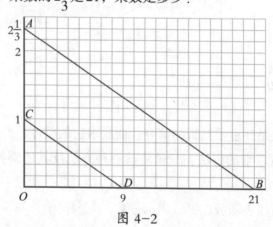

图 4-2

本题和例1可以说完全相同，由它更可看出"知局部求整体"与知道倍数求原数一样。

图4-2中 AB 和 CD 两条直线的画法，和例1相同，点 D 表示某数是9。它的2倍是18，它的 $\frac{1}{3}$ 是3，它的 $2\frac{1}{3}$ 正好是21。这题的算法如下：

$$21 \div 2\frac{1}{3} = 21 \div \frac{7}{3} = 21 \times \frac{3}{7} = 9。$$

例3：某数的 $\frac{1}{2}$ 与 $\frac{1}{3}$ 的和是15，某数是多少？

"本题的要点是什么？"马先生问。

"先看某数的 $\frac{1}{2}$ 与它的 $\frac{1}{3}$ 的和，是它的几分之几。"王有道回答。

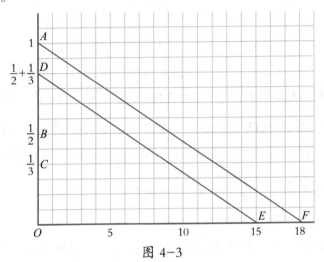

图 4-3

图4-3是周学敏画的。先取 OA 作1，其次取它的 $\frac{1}{2}$ 得 OB，取它的 $\frac{1}{3}$ 得 OC。再把 OC 加到 OB 上得 OD，BD 自然是 OA 的 $\frac{1}{3}$。所以 OD 就是 OA 的 $\frac{1}{2}$ 与 $\frac{1}{3}$ 的和。

连接 DE，作 AF 平行于 DE，点 F 指明某数是18。算法是：

$$15 \div \left(\frac{1}{2} + \frac{1}{3} \right) = 15 \div \frac{5}{6} = 15 \times \frac{6}{5} = 18。$$

$\vdots \qquad \vdots \quad \vdots \qquad\quad \vdots \qquad\qquad\quad \vdots$

$OE \qquad OB \quad OC(BD) \quad OD \qquad\qquad OF$

例4：什么数的 $\frac{2}{7}$ 与 $\frac{1}{5}$ 的差是6？

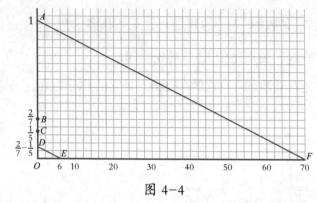

图 4-4

和例3相比较，只是"和"换成"差"，这一点不同。所以它的画法也只是从OB减去OC，得OD，OD表示OA的$\frac{2}{7}$和$\frac{1}{5}$的差，这一点不同。点F表示所求的数是70（如图4-4）。算法是：

$$6 \div \left(\frac{2}{7} - \frac{1}{5} \right) = 6 \div \frac{3}{35} = 6 \times \frac{35}{3} = 70。$$

$$\begin{array}{ccccc} \vdots & \vdots & \vdots & \vdots & \vdots \\ OE & OB & OC\,(BD) & OD & OF \end{array}$$

例5：大、小两数的和是21，小数是大数的$\frac{3}{4}$，求两数。

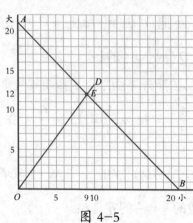

图 4-5

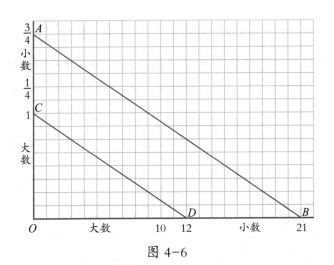

图 4-6

就广义的倍数来说，这道题和《图解算学》中"和差倍的快速计算"的例2一样。照《图解算学》中图4-2的画法，可得图4-5。如果照前例的画法，把大数看成1，小数就是 $\frac{3}{4}$，可得图4-6。两相比较，真是殊途同归了。

至于算法，如下：

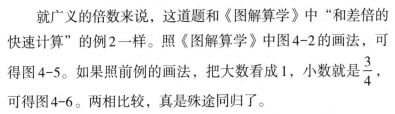

$$21 \div \left(1 + \frac{3}{4}\right) = 21 \div \frac{7}{4} = 21 \times \frac{4}{7} = 12,$$

和为 OB　大数为 OC　小数为 CA　　　　　大数为 OD

└—OA—┘

大数的 $1\frac{3}{4}$ 倍

$$21 - 12 = 9。$$

和为 OB　大数为 OD　小数为 DB

例6：大、小两数的差是4，大数恰是小数的 $\frac{4}{3}$，求两数。

这题和《图解算学》中"和差倍的快速计算"的例3，内容完全相同，图4-7就是依《图解算学》中图4-3画的。图4-8的画法和图4-6的相仿，不过是将小数看作1，得 OA。取 OA 的 $\frac{1}{3}$，得 OB。将 OB 的长加到 OA 上，得 OC。它是 OA 的 $\frac{4}{3}$，即大数。点 D 表示4，连接 BD。作 AE、CF 和 BD 平行。点 E 表示小数是12，点 F 表示大数是16。

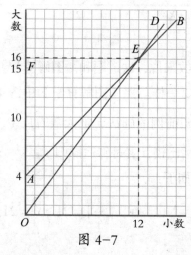

图 4-7

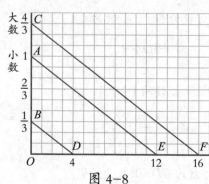

图 4-8

算法是这样：

$$4 \div \left(\frac{4}{3} - 1 \right) = 4 \div \frac{1}{3} = 12, \quad 12 + 4 = 16。$$

$\vdots \qquad \vdots \qquad \vdots \qquad \vdots \qquad \vdots \qquad \vdots \qquad \vdots$

差为OD 大数为OC 小数为OA（CB） OB 小数为OE 差为OD（EF） 大数为OF

例7：某人花去存款的 $\frac{1}{3}$，然后又花去所剩的 $\frac{1}{5}$，还剩存款16元，他原来的存款是多少？

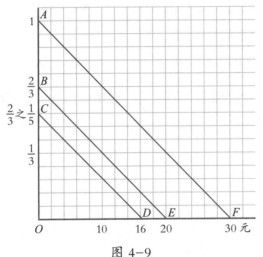

图 4-9

"这题的图的画法，第一步，可先取一长段 OA 看作1，然后减去它的 $\frac{1}{3}$，怎样减？"马先生问。

"把 OA 三等分，从点 A 向下取 AB 等于 OA 的 $\frac{1}{3}$，OB 就表示所剩的。"我回答。

"不错！第二步呢？"

"从点 B 向下取 BC 等于 OB 的 $\frac{1}{5}$，OC 就表示第二次取后所剩的。"周学敏回答。

"对！OC 就和 OD 所表示的 16 元相等了。你们各自把图画完吧！"马先生吩咐道。

自然，这又是老法子：如图 4-9，连接 CD，画 BE、AF 与它平行。OF 所表示的 30 元，就是原来的存款。从图 4-9 中，还可看出，第一次所取的是 10 元，第二次是 4 元。

看了图 4-9 后，算法自然可以得出：

$$16 \div \left[1 - \frac{1}{3} - \left(1 - \frac{1}{3} \right) \times \frac{1}{5} \right] = 16 \div \frac{8}{15} = 30 \text{（元）} 。$$

$$\begin{array}{cccccc} \vdots & \vdots & \vdots & \vdots & & \vdots & \vdots \\ OD & OA & AB & OB & & OC & OF \end{array}$$

例 8：有一桶水，漏掉 $\frac{1}{3}$，抽出 2 升，还剩半桶，这桶水原来是多少？

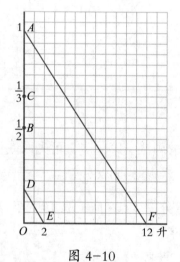

图 4-10

"这个题，画图的话，不是很顺畅，你们有什么好的办法吗？"马先生问。

"题上说，最后剩的是半桶，由此可见漏掉和抽出的也是半桶，先就这半桶来画图好了。"王有道说。

"这个办法很不错，虽然看似已把题目改变，实质上却一样。"马先生说，"那么，画法呢？"

"如图4-10，先任取 OA 看作1。截去 OA 的一半 AB，得 OB，也是一半。三等分 OA 得 AC。从 OB 截去 AC 的长度得 OD，OD 相当于抽出的2升水……"

王有道说到这里，我已知道，以下自然又是老办法，连接 DE，作 AF 与它平行。点 F 表示这桶水原来是12升。先漏掉 $\frac{1}{3}$ 是4升，后抽出2升，只剩6升，恰好半桶。算法是：

$$2 \div \left(1 - \frac{1}{2} - \frac{1}{3}\right) = 2 \div \frac{1}{6} = 12 \text{（升）}。$$

$$\vdots \quad \vdots \quad \vdots \quad \vdots \qquad \vdots \quad \vdots$$

$$OE \quad OA \ BA \ BD(AC) \quad OD \quad OF$$

例9：有一段绳，剪去9米，余下的部分比全长的 $\frac{3}{4}$ 还短3米，这绳原长多少？

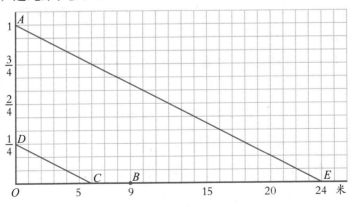

图 4-11

这道题，有个小弯子在里面，马先生这样提示："少剪去3米，怎样？"我便明白画法了。

如图4-11，OB 表示剪去的9米。BC 是3米。如果少剪3米，则剪去的便只是 OC。OA 表示1，AD 是 OA 的 $\frac{3}{4}$。连接 DC，作 AE 与它平行。点 E 表示这绳原来是24米。它的 $\frac{3}{4}$ 是18米。它被剪去了9米，只剩15米，比18米恰好差3米。经过这番画图，算法也就很明白了：

$$（9 - 3）÷ \left(1 - \frac{3}{4}\right) = 6 ÷ \frac{1}{4} = 24（米）。$$

$$\vdots \quad \vdots \qquad \vdots \quad \vdots \qquad \vdots \quad \vdots$$

$$OB \quad CB \qquad OA \quad DA \qquad OC \quad OD$$

例10：夏竹君提取存款的 $\frac{2}{5}$，然后又存入200元，恰好是原存款的 $\frac{2}{3}$，原来的存款是多少？

从讲分数的应用问题起，直到上一道例题，我都没有感到困难，这道题，我却有点应付不了了。马先生似乎已看破，我们有大半人对着它无从下手，他说："你们先不要对着题去闷想，还是动手的好。"

但是怎样动手呢？由题目所说的，都不曾得出一些关联的结果来。

"先画表示1的 OA！再画表示 $\frac{2}{5}$ 的 AB！又画表示 $\frac{2}{3}$ 的 OC！"马先生好像体育老师喊口令一样。

"夏竹君提取存款的 $\frac{2}{5}$，剩的是多少？"他问。

"$\frac{3}{5}$！"周学敏说。

"不，我问的是图上的线段。"马先生说。

周学敏没有回答，"OB!"我说。

"存入200元后，存款有多少？"

"OC。"我回答。

"那么，和这存入的200元相当的是什么？"

"BC。"周学敏抢着说。

"这样一来，图会画了吧？"

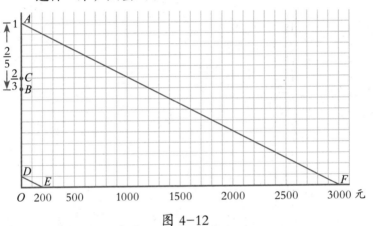

图 4-12

我仔细想了一阵，又看看前面的几个图，都是把和实在的数目相当的分数放在图的最下面，这大概是一点小小的秘诀，我就取OD等于BC。连接DE，作AF平行于它。

点F表示的是3000元，这个数使我有点怀疑，好像太大了。我就又验证了一下，3000元的$\frac{2}{5}$是1200元，提取后还剩1800元。加入200元，是2000元，不是3000元的$\frac{2}{3}$是什么？方法对了，做得仔细，结果总是对的，为什么要怀疑？

这个做法，已把算法明明白白地告诉我们了：

$$200 \div \left[\frac{2}{3} - \left(1 - \frac{2}{5} \right) \right] = 200 \div \left(\frac{2}{3} - \frac{3}{5} \right) = 200 \div \frac{1}{15} = 3000 \, (元).$$

⋮ ⋮ ⋮ ⋮　　　　⋮　　　⋮　　　⋮

OE　OC　OA BA　　　　OB　　　OD（BC）OF

例11：把36分成甲、乙、丙三部分，甲的 $\frac{1}{2}$、乙的 $\frac{1}{3}$、丙的 $\frac{1}{4}$ 都相等，求甲、乙、丙各是多少。

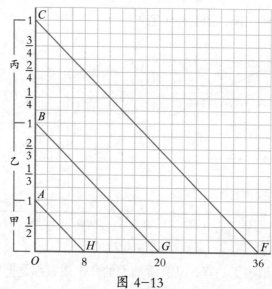

图 4-13

对于马先生的指导，我真是非常感激。这道题，在平常，我一定没有办法解答，现在遵照马先生上例的提示"先不要对着题闷想，还是动手的好"动起手来。

先取一小段作为甲的 $\frac{1}{2}$，取两段得 OA，这就是甲的1。题目上说乙的 $\frac{1}{3}$ 和甲的 $\frac{1}{2}$ 相等，我就连续取同样的3小段，每一段作为乙的 $\frac{1}{3}$，得 AB，这就是乙的1。再取同样的4小段，每一段作为丙的 $\frac{1}{4}$，得 BC，这就是丙的1。

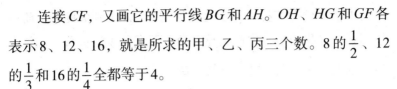

连接 CF，又画它的平行线 BG 和 AH。OH、HG 和 GF 各表示 8、12、16，就是所求的甲、乙、丙三个数。8 的 $\frac{1}{2}$、12 的 $\frac{1}{3}$ 和 16 的 $\frac{1}{4}$ 全都等于 4。

至于算法，我倒想着无妨别致一点：

$$36 \div \left(\frac{1}{2} \times 2 + \frac{1}{2} \times 3 + \frac{1}{2} \times 4 \right) = 36 \div \frac{9}{2} = 8。$$

$$\vdots \qquad \vdots \qquad \vdots \qquad \vdots \qquad \vdots \quad \vdots$$

$OF \qquad OA \qquad AB \qquad BC \qquad OC\ OH（甲）$

$$8 \times \frac{1}{2} \times 3 = 12。$$

甲的 $\frac{1}{2}$，乙的 $\frac{1}{3}$ $\vdots$

$HG（乙）$

$$8 \times \frac{1}{2} \times 4 = 16。$$

甲的 $\frac{1}{2}$，丙的 $\frac{1}{4}$ $\vdots$

$GF（丙）$

例12：将490元分给赵、王、孙、李四个人。赵比王的 $\frac{2}{3}$ 少30元，孙等于赵、王的和，李比孙的 $\frac{2}{3}$ 少30元。每人各得多少？

"这个题有点麻烦了，是不是？人有四个，条件又啰唆。你们坐了这一阵，也有点疲倦了。我来讲个故事，给你们解解闷，好不好？"听到马先生要讲故事，大家的精神都为之一振。

"话说……"马先生一开口，惹得大家都笑了起来，"从前有一个90多岁的老头。他有3个儿子和17头牛。有一天，他生病了，觉得寿数将尽，于是叫他的 3 个儿子到面前来，吩咐他们说：‘我的牛，你们三兄弟分，照我的说法去分，不许争吵：老大要 $\frac{1}{2}$，老二要 $\frac{1}{3}$，老三要 $\frac{1}{9}$。’

"不久后老头子果然死了。他的三个儿子把后事料理好以后，就牵出 17 头牛来，按照他的要求分。

"老大要 $\frac{1}{2}$，就只能得 8 头活的和半头死的。老二要 $\frac{1}{3}$，就只能得 5 头活的和 $\frac{2}{3}$ 头死的。老三要 $\frac{1}{9}$，只能得 1 头活的和 $\frac{8}{9}$ 头死的。虽然他们没有争吵，但却不知道怎么分才合适，谁都不愿要死牛。

"后来他们一同去请教隔壁的李太公，他向来很公平。他们把一切情形告诉了李太公。李太公笑眯眯地牵了自己的一头牛，跟他们去。他说：‘你们分不好，我送你们 1 头，再分好了。’

"他们三兄弟有了 18 头牛：老大分 $\frac{1}{2}$，牵去 9 头；老二分 $\frac{1}{3}$，牵去 6 头；老三分 $\frac{1}{9}$，牵去 2 头。各人都高高兴兴地离开。李太公的 1 头牛他仍旧牵了回去。

"这叫李太公分牛。"马先生说完，大家又用笑声来回应他。他接着说："你们听了这个故事，学到点什么没有？"

没有人回答。

"你们不妨学学李太公，来替赵、王、孙、李这四人分这笔账！"

原来，他说李太公分牛的故事，是在提示我们，解决这道题，必须虚加些钱进去。这钱怎样加进去呢？

第一步，我想到了，赵比王的 $\frac{2}{3}$ 少 30 元，如果加 30 元给赵，则他得的就是王的 $\frac{2}{3}$。

不过，这么一来，孙比赵、王的和又差了 30 元。好，又加 30 元给孙，使他所得的还是等于赵、王的和。

再往下看，又来了，李比孙的 $\frac{2}{3}$ 已不只少 30 元。孙既然多得了 30 元，他的 $\frac{2}{3}$ 就多得了 20 元。李比他所得的 $\frac{2}{3}$，先少 30 元，现在又少 20 元。这两笔钱不用说也得加进去。

虚加进这几笔数后，则各人所得的，赵是王的 $\frac{2}{3}$，孙是赵、王的和，而李是孙的 $\frac{2}{3}$，他们彼此间的关系就简明多了。

跟着这一堆说明画图已成了很机械的工作。

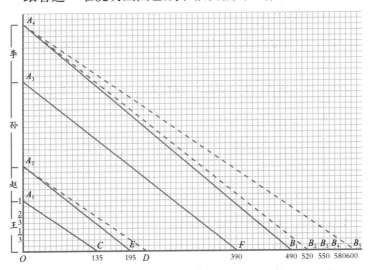

图 4-14

如图 4-14，先取 OA_1 看作 1，作为王的。其次取 A_1A_2 等于 OA_1 的 $\frac{2}{3}$，作为赵的。再取 A_2A_3 等于 OA_2 作为孙的。又取 A_3A_4 等于 A_2A_3 的 $\frac{2}{3}$，作为李的。

在横线上，取 OB_1 表示 490 元。B_1B_2 表示添给赵的 30 元。B_2B_3 表示添给孙的 30 元。B_3B_4 和 B_4B_5 表示添给李的 30 元和 20 元。

连接 A_4B_5 作 A_1C 与它平行，点 C 指 135 元，是王所得的。

作 A_2D 平行于 A_1C，由 OD 表示的 225 元减去 30 元，得 OE 表示的 195 元。CE 表示 60 元，是赵所得的。

作 A_3F 平行于 A_2E，EF 表示 195 元，是孙所得的。

作 A_4B_2 平行于 A_3F，由 OB_2 表示的 520 元减去 30 元，正好得出 OB_1 表示的 490 元。FB_1 表示 100 元，是李所得的。

至于计算的方法，由画图法，已显示得非常清楚：

王所得的：

$$[490+30+30+(30+20)]\div\left[1+\frac{2}{3}+\left(1+\frac{2}{3}\right)+\left(1+\frac{2}{3}\right)\times\frac{2}{3}\right]$$

$$\vdots \quad \vdots \quad \vdots \quad \vdots \quad \vdots \qquad \vdots \qquad \vdots \qquad \qquad \vdots$$

$$OB_1 \quad B_1B_2 \; B_2B_3 \; B_3B_4 \; B_4B_5 \quad OA_1 \; A_1A_2 \quad A_2A_3 \qquad A_3A_4$$

$$=600\div\frac{40}{9}=135（元）。$$

$$\vdots \qquad \vdots$$

$$OB_5 \quad OA_4 \quad OC$$

赵所得的：

$$135\times\frac{2}{3}-30=90-30=60（元）。$$

$$\vdots \qquad \vdots \qquad \qquad \vdots$$

$$CD \qquad ED \qquad \qquad CE$$

孙所得的：

$$135+60=195（元）。$$

$$\vdots \qquad \vdots \qquad \vdots$$

$$OC \quad CE \quad OE（EF）$$

李所得的：

$$195 \times \frac{2}{3} - 30 = 100（元）。$$

$$\vdots \qquad \vdots \qquad \vdots$$

$$FB_2 \qquad B_1B_2 \qquad FB_1$$

例13：某人将他所有的存款分给他的三个儿子，幼子得 $\frac{1}{9}$，次子得 $\frac{1}{4}$，余下的归长子所得。长子比幼子多得38元。这人的存款是多少？三子各得多少？

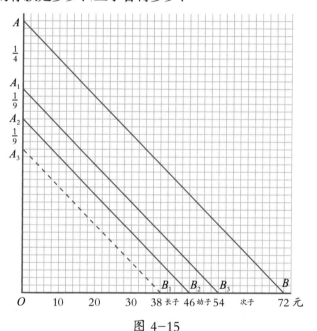

图 4-15

这道题目是一个同学提出来的，其实和例9只是形式不同罢了。马先生也很仔细地给他讲解，我只将图的画法记在这里。

如图4-15，取 OA 看作1，表示某人的存款。从点 A 起截去 OA 的 $\frac{1}{4}$ 得点 A_1，AA_1 表示次子得的。从点 A_1 起截去 OA 的 $\frac{1}{9}$

得 A_2，A_1A_2 表示幼子所得。自然 OA_2 就是长子所得的了。从 A_2 截去 A_1A_2 $\left(\dfrac{1}{9}\right)$ 得 A_3，A_3O 表示长子比幼子多得的，相当于 38 元（OB_1）。

连接 A_3B_1，作 A_2B_2、A_1B_3 和 AB 平行于 A_3B_1。某人的存款是 72 元，长子得 46 元，次子得 18 元，幼子得 8 元。

例 14：弟弟的年龄比哥哥小 3 岁，而且是哥哥的 $\dfrac{5}{6}$，求各人的年龄。

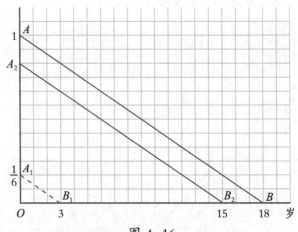

图 4-16

这道题和例 6 在算理上完全一样。我只把图（图 4-16）画在这里，并且将算式写出来。

$$\text{哥哥的年龄：} 3 \div \left(1 - \frac{5}{6}\right) = 3 \div \frac{1}{6} = 18 \text{（岁）}。$$
$$\vdots \qquad \vdots \quad \vdots \qquad\qquad \vdots \quad \vdots$$
$$OB_1 \quad OA \quad A_1A \qquad\quad OA_1 \quad OB$$

$$\text{弟弟的年龄：} 18 - 3 = 15 \text{（岁）}。$$
$$\vdots \qquad \vdots \quad \vdots \qquad \vdots$$
$$OB \quad OB_1 \quad (B_2B) \quad OB_2$$

例15：某人4年前的年龄，是8年后年龄的 $\frac{3}{7}$，求这个人现在的年龄。

"要点！要点！"马先生写好了题，就叫我们找它的要点。我仔细揣摩一番，觉得题上所给的是某人4年前和8年后两个年龄的关系。

先从这点下手，自然直接一些。周学敏和我的意见相同，他向马先生陈述，马先生也认为对。由这要点，我得出下面的作图法。

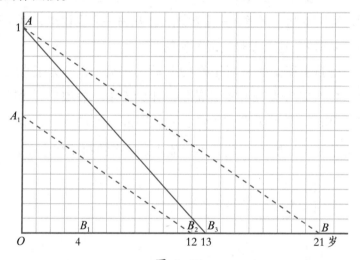

图 4-17

如图4-17，取 OA 看作1，表示某人8年后的年龄。从点 A 截去它的 $\frac{3}{7}$，得 A_1，则 OA_1 就是某人8年后和4年前两个年龄的差，相当于4岁（OB_1）加上8岁（B_1B_2）得 OB_2。

连接 A_1B_2，作 AB 平行于 A_1B_2。OB 指的21岁，便是某人8年后的年龄。

从点 B 退回8年，得 OB_3，它指的是13岁，就是某人现在的年龄。4年前，他是9岁，正好是他8年后21岁的 $\frac{3}{7}$。

这样一来，算法自然有了：

$$(4+8) \div \left(1 - \frac{3}{7}\right) - 8 = 12 \div \frac{4}{7} - 8 = 21 - 8 = 13 \text{（岁）}。$$

$$\begin{array}{cccccccc} \vdots\ \vdots & \vdots\ \vdots & \vdots\ \vdots & \vdots\ \vdots & \vdots\ \vdots & \vdots\ \vdots & \vdots\ \vdots & \vdots\ \vdots \\ OB_1\ B_1B_2 & OA\ A_1A & B_3B\ OB_2 & OA_1\ B_3B & OB\ B_3B\ OB_3 \end{array}$$

例16：哥哥比弟弟大8岁，12年后，哥哥年龄比弟弟年龄的 $1\frac{3}{5}$ 倍少10岁，求各人现在的年龄。

"又要来一次李太公分牛了。"马先生这么一说，我就想到，解决本题，得虚加一个数进去。从另一方面设想，哥哥比弟弟大8岁，这个差是一成不变的。

题目上所给的是两兄弟12年后的年龄关系，为了直接一点，自然应当从12年后，他们的年龄着手。假如哥哥比弟弟多大10岁，这就是要虚加进去的，那么，在12年后，他的年龄正是弟弟年龄的 $1\frac{3}{5}$ 倍，不过他比弟弟大的却是18岁了。

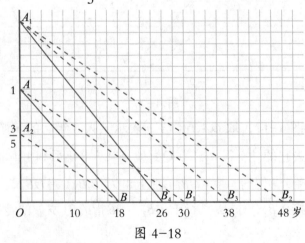

图 4-18

作图法是这样：

如图 4-18，取 OA 看作 1，表示 12 年后弟弟的年龄。取 AA_1 等于 OA 的 $\frac{3}{5}$，则 OA_1 便是 12 年后，再加上 10 岁的哥哥的年龄。取 OA_2 等于 AA_1，它便是 12 年后，哥哥的年龄加上 10 岁后，两人年龄的差 18 岁（OB）。

连接 A_2B，作 AB_1 与它平行。B_1 表示 30 岁，是弟弟 12 年后的年龄。从中减去 12 年，得 B，就是弟弟现在的年龄——18 岁。

作 A_1B_2 平行于 A_2B。B_2 表示 48 岁，是哥哥 12 年后，再加上 10 岁的年龄。减去这 10 岁，得 B_3，表示 38 岁，是哥哥 12 年后的年龄。再减去 12 年，得 B_4，表示 26 岁，是哥哥现在的年龄。正和弟弟现在的年龄 18 岁加上 8 岁相同，真是巧极了！

算法是这样：

弟弟：$(8+10) \div \left(1\frac{3}{5}-1\right)-12=18 \div \frac{3}{5}-12=30-12=18$（岁）。

$$\begin{array}{ccccccc} \vdots & & \vdots & \vdots & \vdots & & \vdots & \vdots & \vdots \\ OB & & OA_1 & A_1A_2 & BB_1 & & OB_1 & BB_1 & OB \end{array}$$

哥哥：$18 + 8 = 26$（岁）。

$$\begin{array}{ccc} \vdots & \vdots & \vdots \\ OB & BB_4 & OB_4 \end{array}$$

例17：甲、乙两校学生共有 372 人，其中男生是女生的 $\frac{35}{27}$。甲校女生是男生的 $\frac{4}{5}$，乙校女生是男生的 $\frac{7}{10}$。求两校男、女学生数。

王有道提出这道题，请求马先生指导画图的方法。马先生犹豫了一下，这样说：

"要用一个简单的图，表示出这题中的关系和结果，这是很困难的。因为这道题，本可分成两段看：前一段是男、女学

生总人数的关系；后一段只说各校中男、女学生人数的关系。

"既然不好用一个图表示，就索性不用图吧！现在我们不妨化大事为小事，再化小事为无事。第一步，先解决题目的前一段：两校的女生共多少人？"

这当然是很容易的：

$$372 \div \left(1 + \frac{35}{27}\right) = 372 \div \frac{62}{27} = 162（人）。$$

"男生共多少？"马先生见我们得出女生的人数以后问道。

不用说，这更容易了：$372 - 162 = 210$（人）。

"好！现在题目已化得简单一点了。我们来做第二步，为了说起来方便一些，我们说甲校学生的数目是甲，乙校学生的数目是乙。再把题目更改一下，甲校女生是男生的 $\frac{4}{5}$，那么，女生和男生各占全校的几分之几？"

王有道回答说：把甲校的学生看作1，因为甲校女生是男生的 $\frac{4}{5}$，所以甲校男生所占的分数是：

$$1 \div \left(1 + \frac{4}{5}\right) = 1 \div \frac{9}{5} = \frac{5}{9}。$$

甲校女生所占的分数是：$1 - \frac{5}{9} = \frac{4}{9}$。

王有道回答完以后，马先生说："其实用不着这样小题大做。题目上说，甲校女生是男生的 $\frac{4}{5}$，那么甲校如果有5个男生，应当有几个女生？"

"4个。"周学敏回答。

"好！一共是几个学生？"

"9个。"周学敏又回答。

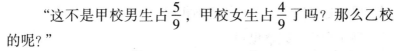

"这不是甲校男生占 $\frac{5}{9}$，甲校女生占 $\frac{4}{9}$ 了吗？那么乙校的呢？"

"乙校男生占 $\frac{10}{17}$，乙校女生占 $\frac{7}{17}$。"还没等周学敏回答，我就说。

马先生说："这么一来，我们可以把题目改成这样了：（1）甲的 $\frac{5}{9}$ 同乙的 $\frac{10}{17}$，共210；（2）甲的 $\frac{4}{9}$ 和乙的 $\frac{7}{17}$，共162。甲、乙各是多少？"

到这一步，题目自然比较简单了，但是算法，我还是想不清楚。

"再单就（1）来想想看。"马先生说，"化大事为小事，$\frac{5}{9}$ 的分子5，$\frac{10}{17}$ 的分子10，同是210，都可用什么数除尽？"

"5！"两三个人高声回答。

"就拿这个5去把它们都除一下，结果怎样？"

"变成甲的 $\frac{1}{9}$，同乙的 $\frac{2}{17}$，共是42。"王有道回答。

"你们再把4去将它们都乘一下看。"

"变成甲的 $\frac{4}{9}$，同乙的 $\frac{8}{17}$，共是168。"周学敏说。

"把这结果和上面的（2）比较一下，你们应当可以得出计算方法来了。今天费去的时间很多，你们自己去把结果算出来吧！"说完，马先生带着疲倦走出了教室。

对于（1）为什么先用5去除，再用4去乘，我原来不明白。后来，把这最后的结果和（2）比较一看，这才恍然大悟，原来两个当中的甲都是 $\frac{4}{9}$ 了。先用5除，是找含有甲的 $\frac{1}{9}$ 的数，再用4乘，便是使这结果所含的甲和（2）所含的相

同。甲的是相同了，但乙的还不相同。

转个念头，我就想到：

168 当中，含有 $\frac{4}{9}$ 个甲，$\frac{8}{17}$ 个乙。

162 当中，含有 $\frac{4}{9}$ 个甲，$\frac{7}{17}$ 个乙。

如果把它们，一个对着一个相减，那就得：

$168 - 162 = 6$

$\frac{4}{9}$ 个甲减去 $\frac{4}{9}$ 个甲，结果没有甲了。

$\frac{8}{17}$ 个乙减去 $\frac{7}{17}$ 个乙，还剩 $\frac{1}{17}$ 个乙。——它正和

人数相当。所以：

乙校的学生数：$6 \div \frac{1}{17} = 102$（人）；

甲校的学生数：$372 - 102 = 270$（人）。

这结果，是否可靠，我有点不敢判断，只好检

验一下：

甲校男生：$270 \times \frac{5}{9} = 150$（人）；

甲校女生：$270 \times \frac{4}{9} = 120$（人）；

乙校男生：$102 \times \frac{10}{17} = 60$（人）；

乙校女生：$102 \times \frac{7}{17} = 42$（人）；

两校男生：$150 + 60 = 210$（人）；

两校女生：$120 + 42 = 162$（人）。

最后的结果，和前面第一步所得出来的完全一样，看来我
不用再怀疑了！

基本公式与例解

小学数学分数应用题型中的第三类，也是一个难点，就是分数求全的问题。分数求全问题也就是在整体与部分的关系中，求整体，这类题通常用除法解题。

1. 基本公式与例解

已知一个数的几分之几是多少，求这个数。这类问题特点是已知一个数的几分之几是多少的数量，求单位"1"的量。

分类	公式（数量关系）
①已知一个数的几分之几是多少，求这个数	是多少÷几分之几＝标准量
②已知一个数比另一个数多几分之几，多多少，求另一个数	多多少÷几分之几＝标准量
③已知一个数比另一个数多几分之几，是多少，求另一个数	是多少÷（1＋几分之几）＝标准量
④已知一个数比另一个数少几分之几，少多少，求另一个数	少多少÷几分之几＝标准量
⑤已知一个数比另一个数少几分之几，是多少，求另一个数	是多少÷（1－几分之几）＝标准量

例1：一名儿童体内含有水分28千克，占体重的$\frac{4}{5}$。这名儿童的体重是多少千克？

分析：这道题目是已知一个数的几分之几是多少，求这

个数的问题。根据题意，体重＝体内水分的质量$\div\frac{4}{5}=28\div\frac{4}{5}=$35（千克）。

解：$28\div\frac{4}{5}=35$（千克）。

答：这名儿童的体重是35千克。

例2：某工程队修一条公路。第一周修了这条公路的$\frac{1}{4}$，第二周修了这条公路的$\frac{2}{7}$，第二周比第一周多修了2千米。这条公路一共多长呢？

分析：这道题目是已知一个数比另一个数多几分之几，多多少，求另一个数的问题。首先求出第二周比第一周多修的分率：$\frac{2}{7}-\frac{1}{4}=\frac{1}{28}$，接着用第二周比第一周多修的2千米去除以$\frac{1}{28}$即可。

解：$2\div\left(\frac{2}{7}-\frac{1}{4}\right)$

$=2\div\frac{1}{28}$

$=56$（千米）。

答：这条公路一共长56千米。

例3：学校有20个足球，足球比篮球多$\frac{1}{4}$。篮球有多少个呢？

分析：这道题目是已知一个数比另一个数多几分之几是多少，求另一个数的问题。首先根据足球比篮球多$\frac{1}{4}$，求出篮球的分率是$1+\frac{1}{4}$，那么篮球的数量＝足球的数量$\div\left(1+\frac{1}{4}\right)$解答即可。

解：$20\div\left(1+\frac{1}{4}\right)=16$（个）。

答：篮球有 16 个。

例4：某工程队修筑一段公路。第一天修了 38 米，第二天修了 42 米。第一天比第二天少修的是这段公路全长的 $\frac{1}{28}$。这段公路全长多少米呢？

分析：这道题目是已知一个数比另一个数少几分之几，少多少，求另一个数的问题。首先求出第一天比第二天少修的米数，然后根据第一天比第二天少修的米数 $\div \frac{1}{28}$ =公路的全长。

解：（42－38）$\div \frac{1}{28}$ ＝112（米）。

答：这段公路全长 112 米。

例5：学校有 20 个足球，足球比篮球少 $\frac{1}{5}$。篮球有多少个呢？

分析：这道题目是已知一个数比另一个数少几分之几，是多少，求另一个数的问题。首先求出篮球的分率是 $1-\frac{1}{5}$，那么篮球的数量＝足球的数量 $\div\left(1-\frac{1}{5}\right)$ 解答即可。

解：$20 \div\left(1-\frac{1}{5}\right)$ ＝25（个）。

答：篮球有 25 个。

2. 强化训练

强化训练主要是针对一些复杂分数应用题的解析，将一些公式综合起来考查。

例1：一本书，已经看了 130 页，剩下的准备 8 天看完，如果每天看的页数相等，3 天看的页数恰好为全书的 $\frac{5}{22}$。这本书共有多少页？

分析：关键是求出看了的 130 页所对应的分率。剩下的准备8天看完，每天看的页数相等，把8天分成8份，那么一天看$\frac{1}{8}$，3天看了剩下部分的$\frac{3}{8}$，3天看的页数恰好是全书的$\frac{5}{22}$，那么这8天看了全书的$\frac{5}{22} \div \frac{3}{8} = \frac{20}{33}$，那么已看的130页占全书的$1 - \frac{20}{33} = \frac{13}{33}$，所以全书有$130 \div \frac{13}{33} = 330$（页）。

解：由题意可知，3天看了剩下部分的$\frac{3}{8}$；

3天看的页数恰好是全书的$\frac{5}{22}$，

所以这8天看了全书的$\frac{5}{22} \div \frac{3}{8} = \frac{20}{33}$；

看完的130页占全书的$1 - \frac{20}{33} = \frac{13}{33}$；

这本书一共有：$130 \div \frac{13}{33} = 330$（页）。

答：这本书一共有330页。

例2：一瓶饮料，喝掉饮料的$\frac{1}{3}$后，连瓶共重800克；喝掉一半饮料后，连瓶共重700克。请问瓶子的质量是多少呢？

分析：首先根据题意，把这瓶饮料的质量看作单位"1"，那么它的$\frac{1}{6}$（由$\frac{1}{2} - \frac{1}{3}$得）是100（由$800 - 700$得）克；然后根据分数除法的意义，用100除以它占这瓶饮料的质量的分率，求出瓶中饮料的质量是多少；最后用700减去瓶中饮料质量的一半，求出瓶子的质量即可。

解：$700 - (800 - 700) \div \left(\frac{1}{2} - \frac{1}{3} \right) \div 2$

$$=700-100\div\frac{1}{6}\div2$$

$$=700-600\div2$$

$$=700-300$$

$$=400（克）。$$

答：瓶子的质量为400克。

例3：食堂有一桶油，第一天吃掉一半多1千克，第二天吃掉剩下的油的一半多2千克，第三天又吃掉剩下的油的一半多3千克，最后桶里还剩下2千克油。桶里原有油多少千克?

分析：本题运用逆序推理法，从后往前推算，即抓住最后得到的数量，从后向前进行推理，根据加减乘除的逆运算思维进行解答。最后桶里还剩下2千克油，因为吃掉剩下的油的一半多3千克，所以第二天剩下：（2+3）×2=10（千克）；第二天剩下油10千克，是因为第二天吃了剩下的油一半多2千克，所以第一天剩下：（10+2）×2=24（千克）；第一天剩下油24千克是因为第一天吃掉一半多1千克，所以桶里原来有：（24+1）×2=50（千克）。

解：{[（2+3）×2+2]×2+1}×2

$$=（12\times2+1）\times2$$

$$=（24+1）\times2$$

$$=25\times2$$

$$=50（千克）。$$

答：桶里原有油50千克。

应用习题与解析

1. 基础练习题

（1）一条裤子的价格是 75 元，是一件上衣的 $\frac{2}{3}$。一件上衣多少元呢？

考点：分数应用题，已知一个数的几分之几是多少，求这个数的问题。

分析：裤子的价格是 75 元，是一件上衣的 $\frac{2}{3}$，所以上衣的价格 = 裤子的价格 $\div \frac{2}{3}$。

解：$75 \div \frac{2}{3} = 112.5$（元）。

答：一件上衣 112.5 元。

（2）街道今年投资 42 万元实行扶贫计划，比去年多投资 $\frac{1}{2}$，去年投资多少万元？

考点：分数除法应用题。

分析：将去年的投资看作单位"1"，今年比去年多投资 $\frac{1}{2}$，那么今年是去年的 $\left(1 + \frac{1}{2}\right)$，根据分数除法的意义可知，去年的投资为 $42 \div \left(1 + \frac{1}{2}\right)$。

解：$42 \div \left(1 + \frac{1}{2}\right)$

$\quad = 42 \div \frac{3}{2}$

$\quad = 42 \times \frac{2}{3}$

=28（万元）。

答：去年投资28万元。

（3）库房有一批货物，第一天运走20吨，第二天运走的吨数比第一天多 $\frac{6}{17}$ ，此时还剩下这批货物的 $\frac{9}{17}$ 。这批货物有多少吨？

考点：分数求全问题。

分析：由题意可知，第二天运走了 $20 \times \left(1 + \frac{6}{17}\right)$ 吨，第一天和第二天共运走货物 $20 \times \left(1 + 1 + \frac{6}{17}\right)$ 吨。再由"还剩下这批货物的 $\frac{9}{17}$ "可知，第一天和第二天运走的货物占总重量的 $\left(1 - \frac{9}{17}\right)$ 。根据找到的相对应的量，可以解题。

解： $20 \times \left(1 + 1 + \frac{6}{17}\right) \div \left(1 - \frac{9}{17}\right)$

$$= 20 \times \frac{40}{17} \div \frac{8}{17}$$

$$= \frac{800}{17} \times \frac{17}{8}$$

$$= 100（吨）。$$

答：这批货物有100吨。

（4）有一块菜地和一块稻田，菜地的一半和稻田的三分之一放在一起是13公顷，稻田的一半和菜地的三分之一合在一起是12公顷。那么这块稻田有多少公顷呢？

考点：分数除法应用。

分析：因为菜地的 $\frac{1}{2}$ +稻田的 $\frac{1}{3}$ =13公顷，菜地的 $\frac{1}{3}$ +稻田的 $\frac{1}{2}$ =12公顷，所以菜地的 $\frac{5}{6}$ +稻田的 $\frac{5}{6}$ =25公顷。这就是说，

菜地和稻田的 $\frac{5}{6}$ 与25公顷相对应，因此可以求出两种地一共有多少公顷，再求稻田有多少公顷。

解：两种地共有：$(12+13)\div\left(\frac{1}{2}+\frac{1}{3}\right)=30$（公顷）；

那么菜地和稻田的 $\frac{1}{2}$ 是：$30\times\frac{1}{2}=15$（公顷）；

那么稻田有：$(15-13)\div\left(\frac{1}{2}-\frac{1}{3}\right)=12$（公顷）。

答：稻田有12公顷。

（5）小明看一本小说，第一天看了全书的 $\frac{1}{8}$ 多16页，第二天看了全书的 $\frac{1}{6}$ 少2页，还剩下88页。这本小说一共有多少页呢？

考点：分数除法应用题。

分析：（方法一）把这本书的总页数看作单位"1"，假设第一天看的页数是总页数的 $\frac{1}{8}$，第二天看了总页数的 $\frac{1}{6}$，那么还剩下（$88-2+16$）页，那么总的页数 = 剩下的页数 ÷ 剩下页数的分率，列式解答即可。（方法二）设这本小说一共 x 页，那么第一天看了 $\left(\frac{x}{8}+16\right)$ 页；第二天看了 $\left(\frac{x}{6}-2\right)$ 页，还剩下88页，因此可列方程 $x-\left[\left(\frac{x}{8}-16\right)+\left(\frac{x}{6}+2\right)\right]=88$，解方程即可。

解：（方法一）$(88-2+16)\div\left(1-\frac{1}{8}-\frac{1}{6}\right)$

$$=102\times\frac{24}{17}$$

$$=144（页）。$$

（方法二）设这本小说一共 x 页，根据题意，得

$$x-\left[\left(\frac{x}{8}+16\right)+\left(\frac{x}{6}-2\right)\right]=88,$$

$$x-\left(\frac{x}{8}+16+\frac{x}{6}-2\right)=88,$$

$$x-\frac{x}{8}-16-\frac{x}{6}+2=88,$$

$$x-\frac{x}{8}-\frac{x}{6}=88+16-2,$$

$$\frac{17x}{24}=102,$$

$$x=144。$$

答：这本书共有144页。

2. 巩固提高题

（1）车站运走一批货物，第一天运走全部货物的 $\frac{1}{3}$ 多20吨，第二天运走全部货物的 $\frac{1}{4}$ 多30吨，这时车站还存货物30吨。这批货物一共有多少吨？

考点：分数求全问题。

分析：这批货物的分率为"1"，先求出（20+30+30）吨的分率为 $1-\frac{1}{3}-\frac{1}{4}$，这批货物总的重量 $=（20+30+30）÷$ $\left(1-\frac{1}{3}-\frac{1}{4}\right)$。

解：$（20+30+30）÷\left(1-\frac{1}{3}-\frac{1}{4}\right)$

$=（20+30+30）÷\frac{5}{12}$

$=80÷\frac{5}{12}$

$=80×\frac{12}{5}$

$=192$（吨）。

答：这批货物一共有192吨。

（2）师徒二人加工一批零件，师傅加工的零件数比总数的$\frac{1}{2}$还多25个，徒弟加工的数量是师傅的$\frac{1}{3}$。这批零件一共有多少个呢？

考点：分数综合应用题。

分析：此题可设这批零件共有x个，根据师傅加工的零件数量与徒弟加工的零件数量的等量关系列方程解答。师傅加工的零件数比总数的$\frac{1}{2}$还多25个，那么师傅加工$\left(\frac{1}{2}x+25\right)$个；徒弟加工的数量是师傅的$\frac{1}{3}$，那么徒弟加工$\frac{1}{3}\left(\frac{1}{2}x+25\right)$个。

解：设这批件共有x个，根据题意，得

$$\frac{1}{3}\left(\frac{1}{2}x+25\right)+\frac{1}{2}x+25=x,$$

$$\frac{1}{6}x+\frac{25}{3}+\frac{1}{2}x+25=x,$$

$$\frac{1}{3}x=\frac{100}{3},$$

$$x=100。$$

答：这批零件一共有100个。

（3）王师傅加工一批零件，$\frac{6}{7}$小时加工了12个。照这样计算，要加工144个零件需要几小时呢？

考点：分数除法的应用题。

分析："照这样计算"，说明每小时加工零件的个数相同，先用12个除以$\frac{6}{7}$小时，求出每小时加工的个数，再用144

个除以每小时加工的个数，就可求出需要的时间。

解：每小时加工的个数为 $12 \div \frac{7}{6} = 14$（个），

加工 144 个需要 $144 \div 14 = \frac{72}{7}$（时）。

答：加工 144 个零件需要 $\frac{72}{7}$ 小时。

（4）某班有女生 20 人，女生人数比男生人数少 $\frac{1}{3}$。这个班男生有多少人呢？

考点：分数应用题。已知一个数比另一个数少几分之几，是多少，求另一个数。

分析：女生人数比男生人数少 $\frac{1}{3}$，那么女生是男生人数的 $\left(1 - \frac{1}{3}\right)$。女生人数已知，那么男生人数为 $20 \div \left(1 - \frac{1}{3}\right)$，解答即可。

解：$20 \div \left(1 - \frac{1}{3}\right)$

$= 20 \div \frac{2}{3}$

$= 20 \times \frac{3}{2}$

$= 30$（人）。

答：这个班男生有 30 人。

（5）新华书店运来一批图书，第一天卖出总数的 $\frac{1}{8}$ 多 16 本，第二天卖出总数的 $\frac{1}{2}$ 少 8 本，还余下 67 本。这批图书一共多少本呢？

考点：分数除法应用题。

分析：解答此题的关键是要找出实际数量的对应分率。从题意知，图书的总数为单位"1"，现在找出题中所给的数量与单位"1"之间的关系,如图4.2-1。

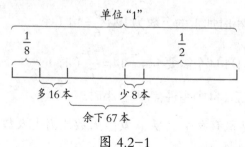

图 4.2-1

从图4.2-1中可以看出卖出总数的$\frac{1}{8}$和$\frac{1}{2}$后,余下的分率是$1-\frac{1}{8}-\frac{1}{2}=\frac{3}{8}$,与$\frac{3}{8}$相对应的数量是($67-8+16$),从而可以求这批图书的总数。

解:$(67-8+16)\div\left(1-\frac{1}{8}-\frac{1}{2}\right)$

$=75\div\frac{3}{8}$

$=75\times\frac{8}{3}$

$=200$(本)。

答:这批图书一共200本。

(6)四个孩子合买一只60元的小船,第一个孩子付的钱是其他孩子付的总钱数的一半;第二个孩子付的钱是其他孩子付的总钱数的$\frac{1}{3}$;第三个孩子付的钱是其他孩子付的总钱数的$\frac{1}{4}$。第四个孩子付了多少钱?

考点:复杂分数除法应用题。

分析:将总钱数当作单位"1",第一个孩子付的钱是其他孩子付的总钱数的一半,即第一个小孩付了总数的1÷

$(2+1)=\dfrac{1}{3}$；同理，第二个孩子付的钱是其他孩子付的总钱数的 $\dfrac{1}{3}$，付了总数的 $\dfrac{1}{4}$；第三个孩子付的钱是其他孩子付的总钱数的 $\dfrac{1}{4}$，付了总数的 $\dfrac{1}{5}$。所以第四个孩子付了：$60\times\left(1-\dfrac{1}{3}-\dfrac{1}{4}-\dfrac{1}{5}\right)$。

解：第一个孩子付了总钱数的 $1\div(2+1)=\dfrac{1}{3}$，

第二个孩子付了总钱数的 $1\div(1+3)=\dfrac{1}{4}$，

第三个孩子付了总钱数的 $1\div(1+4)=\dfrac{1}{5}$，

第四个孩子付了 $60\times\left(1-\dfrac{1}{3}-\dfrac{1}{4}-\dfrac{1}{5}\right)=13$（元）。

答：第四个孩子付了13元。

奥数习题与解析

1. 基础训练题

（1）有一袋米，第一周吃了 $\dfrac{2}{5}$，第二周吃了12千克，还剩6千克。这袋大米原有多少千克？

分析：比较量是两个数量的和，且对应的分率没有直接给出。第一周吃了 $\dfrac{2}{5}$，那么还剩 $1-\dfrac{2}{5}$，所以这袋大米原有的质量=（第二周吃了的质量+还剩的质量）$\div\left(1-\dfrac{2}{5}\right)$。

解：$(12+6)\div\left(1-\dfrac{2}{5}\right)$

$=18\div\dfrac{3}{5}$

$=18\times\dfrac{5}{3}$

=30（千克）。

答：这袋大米原有30千克。

（2）某工厂第一车间原有工人120名，现在调出$\frac{1}{8}$到第二车间，这时第一车间的人数比第二车间现有人数的$\frac{6}{7}$还多3名。第二车间原来有多少人？

分析：通过审题可知"从第一车间调出$\frac{1}{8}$的工人到第二车间"，即调出$120 \times \frac{1}{8}=15$名，这时第一车间还剩下105名工人。这105名比第二车间现有人数的$\frac{6}{7}$还多3名。那么102名工人就相当于第二车间的现有人数的$\frac{6}{7}$了。于是，第二车间现有人数与原来的人数就可以求了。

解：第一车间剩下的人数：$120 \times \left(1-\frac{1}{8}\right)=105$（名）；

第二车间现在的人数：$(105-3) \div \frac{6}{7}=119$（名）；

第二车间原来的人数：$119-120 \times \frac{1}{8}=104$（名）。

答：第二车间原有104名工人。

（3）某年七月份雨天的天数是晴天的$\frac{2}{3}$，阴天的天数是晴天的$\frac{2}{5}$。这个月晴天有几天？

分析：七月份有31天。把晴天的天数看作单位"1"，用31除以$\left(1+\frac{2}{3}+\frac{2}{5}\right)$，就是晴天的天数。

解：$31 \div \left(1+\frac{2}{3}+\frac{2}{5}\right)$

$=31 \div \frac{31}{15}$

$$=31 \times \frac{15}{31}$$

$$=15（天）。$$

答：这个月晴天有15天。

（4）东、西两仓共有化肥94吨，从东仓运出$\frac{2}{5}$，再从西仓运出$\frac{2}{5}$多2吨，这时东仓还有10吨。那么西仓现有几吨化肥？

分析：东、西两仓共有化肥94吨，从东仓运出$\frac{2}{5}$后，还剩$\left(1-\frac{2}{5}\right)$，此时东仓还有10吨，那么西仓一共有$94-10 \div$$\left(1-\frac{2}{5}\right)$吨化肥；再从西仓运出$\frac{2}{5}$多2吨，那么西仓有$\frac{232}{3} \times$$\left(1-\frac{2}{5}\right)-2$吨化肥，解答即可。

解：西仓一共有：$94-10 \div \left(1-\frac{2}{5}\right)$

$$=94-10 \times \frac{5}{3}$$

$$=\frac{232}{3}（吨）；$$

西仓现有：$\frac{232}{3} \times \left(1-\frac{2}{5}\right)-2$

$$=\frac{232}{3} \times \frac{3}{5}-2$$

$$=\frac{222}{5}（吨）。$$

答：西仓现有$\frac{222}{5}$吨化肥。

（5）有一堆砖，搬走$\frac{1}{4}$后又运来306块，这时这堆砖比原来多$\frac{1}{5}$。原来这堆砖有多少块呢？

分析：主要是找出运来的306块砖所对应的分率。根据题意画出线段图（如图4.3-1）。

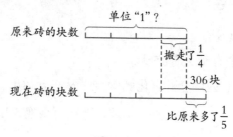

图 4.3-1

根据图4.3-1可知，把原来这堆砖数看作单位"1"，分率是 $\frac{1}{4}+\frac{1}{5}=\frac{9}{20}$，所以原来这堆砖有 $306\div\frac{9}{20}=680$（块）。

解：$306\div\left(\frac{1}{4}+\frac{1}{5}\right)$

$=306\times\frac{20}{9}$

$=680$（块）。

答：原来这堆砖有680块。

（6）一个工厂有三个车间，各车间人数相等，已知第一车间的女工与第二车间的男工人数相等，第三车间女工人数占全厂总人数的 $\frac{3}{13}$，这个厂女工比男工多15人。全厂有多少名工人？

分析：三车间的人数相等，将总人数当作单位"1"，根据分数的意义可知，每个车间人数是总人数的 $\frac{1}{3}$，第一车间的女工与第二车间的男工人数相等，可知两个车间的男工人、女工人各占总人数的 $\frac{1}{3}$，第三个车间女工是总人数的 $\frac{3}{13}$，那么男工是总人数的 $\left(\frac{1}{3}-\frac{3}{13}\right)$；由此可得，女工占总人数的 $\left(\frac{1}{3}+\right.$

$\dfrac{3}{13}$），男工占总人数 $\left(\dfrac{1}{3}+\dfrac{1}{3}-\dfrac{3}{13}\right)$。又知这个厂女工总数比男工总数多15人，已知一个数的几分之几是多少，求这个数，用除法，那么求总人数用15÷（女工所占比率－男工所占比率）即可。

解：将总人数当作单位"1"，根据题意可知：

女工占总人数的 $\dfrac{1}{3}+\dfrac{3}{13}=\dfrac{22}{39}$，

男工占总人数的 $\dfrac{1}{3}+\dfrac{1}{3}-\dfrac{3}{13}=\dfrac{17}{39}$，

$15\div\left(\dfrac{22}{39}-\dfrac{17}{39}\right)=117$（人）。

答：全厂有117名工人。

2. 拓展训练题

（1）小红看一本故事书。第一天看了45页，第二天看了全书的 $\dfrac{1}{4}$，第二天看的页数恰好比第一天多 $\dfrac{1}{5}$。这本书一共有多少页？

分析：关键是找出第二天看了多少页。根据题意，第二天看的页数恰好比第一天多 $\dfrac{1}{5}$，那么第二天看的页数是 $45\times\left(1+\dfrac{1}{5}\right)=54$（页），所以这本书一共 $54\div\dfrac{1}{4}=216$（页）。

解：$45\times\left(1+\dfrac{1}{5}\right)\div\dfrac{1}{4}$

$=45\times\dfrac{6}{5}\div\dfrac{1}{4}$

$=216$（页）。

答：这本书一共有216页。

（2）某小学有男生585人，女生540人，合唱队人数占全

校人数的 $\dfrac{4}{45}$，调走 20 人参加舞蹈队后，剩下的人刚好是六年级人数的 $\dfrac{8}{17}$。六年级有多少人？

分析：某小学有学生 585＋540 人；合唱队人数为（585＋540）× $\dfrac{4}{45}$；调走 20 人参加舞蹈队后，剩下的人为（585＋540）× $\dfrac{4}{45}$－20；此时合唱队人数刚好是六年级人数的 $\dfrac{8}{17}$，那么六年级人数为 $\left[（585＋540）× \dfrac{4}{45}－20\right]÷\dfrac{8}{17}$。

解：$\left[（585＋540）× \dfrac{4}{45}－20\right]÷\dfrac{8}{17}$

$\qquad = \left(1125 × \dfrac{4}{45}－20\right)÷\dfrac{8}{17}$

$\qquad =（100－20）÷\dfrac{8}{17}$

$\qquad =80÷\dfrac{8}{17}$

$\qquad =170（人）。$

答：六年级有 170 人。

（3）学校图书室内有一个书架全是故事书，借出总数的 $\dfrac{3}{4}$ 之后，又放上 60 本，这时这个书架上的书是原来总数的 $\dfrac{1}{3}$。现在书架上放着多少本书呢？

分析：借出总数的 $\dfrac{3}{4}$ 之后，还剩下 $\dfrac{1}{4}$，又放上 60 本，这时书架上的书是原来总数的 $\dfrac{1}{3}$，这就可以找出 60 本书占故事书总数的多少了，即可解答问题。画图找对应关系（如图4.3-2）。

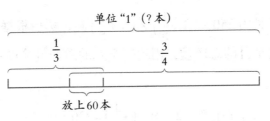

图 4.3-2

从图 4.3-2 中可以看出：故事书的 $\frac{1}{3}$ 与 $\frac{3}{4}$ 的重叠之处就是 60 本所对应的分率。这个分率可以用下面的三种方法求出，（方法一）$\frac{1}{3}+\frac{3}{4}-1=\frac{1}{12}$；（方法二）$\frac{1}{3}-\left(1-\frac{3}{4}\right)=\frac{1}{12}$；（方法三）$\frac{3}{4}-\left(1-\frac{1}{3}\right)=\frac{1}{12}$。求出故事书所对应的分率，即可求出故事书的总数，进而求出现在书架上的故事书。

解：$\frac{1}{3}-\left(1-\frac{3}{4}\right)=\frac{1}{3}-\frac{1}{4}=\frac{1}{12}$，

$60\div\frac{1}{12}=720$（本），

$720\times\frac{1}{3}=240$（本）。

答：现在书架上放着 240 本书。

（4）化肥厂一月份生产化肥 250 吨，因为以后的每个月都比上个月增长 $\frac{1}{5}$，所以第一季度就完成了全年计划产量的 $\frac{5}{12}$。这个厂全年计划生产化肥多少吨？

分析：根据题意，先求出二月份的产量，把一月份的产量看作单位"1"，那么二月份的产量相当于一月份的 $\left(1+\frac{1}{5}\right)$，即 $250\times\left(1+\frac{1}{5}\right)$ 吨；再把二月份的产量看作单位"1"，则三

月份的产量为 $250 \times \left(1+\dfrac{1}{5}\right) \times \left(1+\dfrac{1}{5}\right)$ 吨，然后根据加法的意义求出三个月的总产量，用这三个月的总产量除以 $\dfrac{5}{12}$，解决问题。

解：二月份生产：$250 \times \left(1+\dfrac{1}{5}\right) = 300$（吨）；

三月份生产：$300 \times \left(1+\dfrac{1}{5}\right) = 360$（吨）；

全年计划生产：$(250+300+360) \div \dfrac{5}{12}$

$$= 910 \times \dfrac{12}{5}$$

$$= 2184 \text{（吨）}。$$

答：这个厂全年计划生产化肥2184吨。

（5）将一批图书的一部分分给甲、乙、丙三位同学，甲分得总本数的 $\dfrac{1}{5}$ 多5本；乙分得总本数的 $\dfrac{1}{4}$ 多7本；丙分得剩下本数的 $\dfrac{1}{2}$，剩下本数正好占总本数的 $\dfrac{1}{8}$。这批图书共多少本？

分析：根据题意知："丙分得剩下本数的 $\dfrac{1}{2}$，剩下本数正好占总本数的 $\dfrac{1}{8}$"，也就是说丙分得的本数是总数的 $\dfrac{1}{8}$。那么 $5+7=12$（本），对应的分率就是总本数的 $\left(1-\dfrac{1}{5}-\dfrac{1}{4}-\dfrac{1}{8}-\dfrac{1}{8}\right)$，据此可求出这批书的本数。

解：$(5+7) \div \left(1-\dfrac{1}{5}-\dfrac{1}{4}-\dfrac{1}{8}-\dfrac{1}{8}\right)$

$$= 12 \div \dfrac{3}{10}$$

$$= 40 \text{（本）}。$$

答：这批图书共有40本。

（6）一块萝卜地，今年获得丰收。第一天收下全部的 $\frac{3}{8}$，装了3筐还余12千克；第二天把剩下的全部收完，正好装了6筐。这块地共收萝卜多少千克？

分析：（方法一）"根据第二天正好装了6筐"可知，每筐的分率是 $\left(1-\frac{3}{8}\right)\div6=\frac{5}{48}$。根据"第一天收下全部的 $\frac{3}{8}$，装了3筐还余12千克"可知，12千克的分率为 $\left(\frac{3}{8}-\frac{5}{48}\times3\right)$，所以这块地共收萝卜 $12\div\left(\frac{3}{8}-\frac{5}{48}\times3\right)$ 千克，解答即可。（方法二）设每筐装萝卜 x 千克，根据题意，第一天收了 $(3x+12)$ 千克，第二天收了全部的 $\left(1-\frac{3}{8}\right)$。根据等量关系可列方程，$(3x+12)\div\frac{3}{8}\times\left(1-\frac{3}{8}\right)=6x$，解方程即可。（方法三）设这块地收了 a 千克萝卜，一筐萝卜为 b 千克，列方程组求解。

解：（方法一）每筐的分率为 $\left(1-\frac{3}{8}\right)\div6=\frac{5}{48}$，

12千克的分率为 $\frac{3}{8}-\frac{5}{48}\times3=\frac{1}{16}$。

这块地一共收萝卜 $12\div\frac{1}{16}=192$（千克）。

（方法二）设每筐装萝卜 x 千克，根据题意，得

$$(3x+12)\div\frac{3}{8}\times\left(1-\frac{3}{8}\right)=6x,$$

$$(3x+12)\times\frac{8}{3}\times\frac{5}{8}=6x,$$

$$(3x+12)\times\frac{5}{3}=6x,$$

$$5x+20=6x,$$

$$x=20。$$

$(3+6) \times 20 + 12 = 192$（千克）。

（方法三）设这块地收了 a 千克萝卜，一筐装的萝卜为 b 千克。根据题意，得

$$\begin{cases} \dfrac{3a}{8} = 3b + 12, & \textcircled{1} \\ \left(1 - \dfrac{3}{8}\right) a = 6b。 & \textcircled{2} \end{cases}$$

由①，得 $a = 8b + 32$，将 $a = 8b + 32$ 代入②，得

$$\frac{5}{8}(8b + 32) = 6b,$$

$$b = 20。$$

将 $b = 20$ 代入 $a = 8b + 32$，得

$$a = 192。$$

答：这块地共收萝卜 192 千克。

课外练习与答案

1. 基础练习题

（1）某班女生 20 人，女生人数是男生人数的 $\dfrac{2}{3}$。那么这个班男生有多少人呢？

（2）某班有学生 50 人，女生人数是男生人数的 $\dfrac{2}{3}$。那么这个班男、女生各有多少人呢？

（3）师徒二人加工一批零件，徒弟加工的个数是师傅的 $\dfrac{1}{3}$，已知徒弟比师傅少加工 100 个。这批零件一共有多少个？

（4）一款电脑售价为 3000 元，现做活动按售价的 $\dfrac{5}{6}$ 出

售，获得的利润是成本的 $\frac{1}{4}$。这款电脑的成本是多少元？

（5）小明今天上午练了100个字，下午练了140个字，今天练字的个数相当于昨天的 $\frac{2}{3}$。小明昨天练了多少个字呢？

2. 提高练习题

（1）四年级有三好学生30人，是全年级人数的 $\frac{1}{6}$，四年级人数占全校人数的 $\frac{2}{9}$，全校有多少人呢？

（2）修一条水渠，已经修了全长的 $\frac{2}{11}$，后来又修了160米，两次一共修了400米。这条水渠全长多少米呢？

（3）一架飞机从甲地飞行到乙地，平均每小时飞行600千米，$\frac{3}{4}$ 小时飞行了全程的 $\frac{2}{7}$。全程有多少千米？

（4）一款电视机降价200元，比原来便宜了 $\frac{2}{11}$。现在这款电视机的价格是多少元？

（5）车间共有工人152名，选派男工的 $\frac{1}{11}$ 和5名女工参加培训班，剩下的男、女工的人数正好一样多。车间原来的男、女工各有多少人？

3. 经典练习题

（1）美术班有男生20人，是女生的 $\frac{5}{6}$。美术班女生有多少人？

（2）一批煤，烧去60吨，正好烧去这批煤的 $\frac{2}{7}$。这批煤有多少吨？

（3）水果店两天卖完一批水果，第一天卖出水果总质量的 $\frac{3}{5}$，比第二天多卖30千克。这批水果共有多少千克？

（4）某车间生产甲、乙两种零件，生产的甲种零件比乙种零件多12个，乙种零件全部合格，甲种零件只有 $\frac{4}{5}$ 合格，两种零件合格的共有42个。两种零件各生产了多少个？

答　案

1. 基础练习题

（1）这个班男生有30人。

（2）这个班男生有30人，女生有20人。

（3）这批零件一共有200个。

（4）这款电脑的成本是2000元。

（5）小明昨天练了360个字。

2. 提高练习题

（1）全校有810人。

（2）这条水渠全长1320米。

（3）全程有1575千米。

（4）现在这款电视机的价格是900元。

（5）车间原来的男工有77人，女工有75人。

3. 经典练习题

（1）美术班女生有24人。

（2）这批煤有210吨。

（3）这批水果共有150千克。

（4）甲零件生产了30个，乙零件生产了18个。

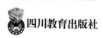

四川教育出版社

数学**思维秘籍**

10册图解数学书，让学数学变简单，成就数学小达人！

图解算学

图解运算

图解代数

图解几何

数学游戏

数学课堂

经典题型

趣味解答

趣味集训

趣味练习

ISBN 978-7-5408-7414-8

9 787540 874148 >

定价: 198.00元(全10册)